奇妙科學研究所

2 能量・地球篇

李淨雅 著　　羅仁完 繪
盧錫九 監製（韓國京仁教育大學）

新雅文化事業有限公司
www.sunya.com.hk

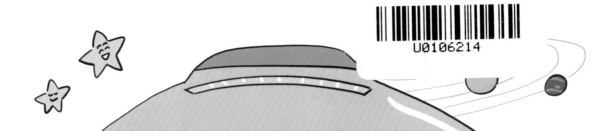

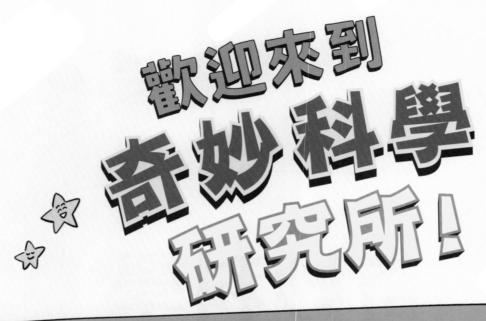
歡迎來到
奇妙科學
研究所！

懵傻喵
是一隻充滿好奇心的小貓，對科學概念研究十分熱衷，很喜歡提問。
能量轉換
力的平衡
光的直線進行
火山岩
季節的變化

大家好！

歡迎再次來到奇妙科學研究所，很高興再次見到各位。相信大家已經透過第一冊「物質．生物篇」認識到我們這個研究所，你們覺得怎麼樣呢？

跟首席研究員智醒汪和懵傻喵一起進行科學探險，是不是非常有趣呢？這次，我們將會乘熱氣球升空、當上魔術表演中身體消失的主角、甚至到月球進行探索！是不是很期待這次的旅程呢？

來！讓我們馬上出發吧！

「奇妙科學研究所」
精明探險指南！

❶ 好奇的提問
智醒汪和懵傻喵的探險就從生活中的好奇心開始，而提出一條科學問題。如你也感到好奇的話，就前往步驟❷吧！

探險的步驟

能量 為什麼我們從越高的地方掉下來會越痛？

物體在重力的牽引下並處於較高的位置，物體便會儲存能量，稱為「位能」。在重力下，物體從越高的地方開始墜落，位能就會越大。所以比起山腳的物體，山頂上的物體具有的位能比較大。位能越大的物體，往下掉時造成的衝擊就越大。

懵傻喵啊，我爬上梯子把沙灘球掉下來，沙灘球的能量應該比較大。你比較一下是不是會比較痛？

儲存起來的位能

不要！

12

❷ 解開疑惑
智醒汪和懵傻喵展開科學探險！他們會用實驗、漫畫等不同的有趣方式，來解答你的各種疑惑。你還想知道相關的科學概念嗎？請看步驟❸！

能量是做各種事情所需的⬛⬛量才能運作或移動。我們可⬛獲得能源。能量亦能以多種⬛

來自太陽或電燈泡的⬛

移動中的物體具有的⬛

電流動時產生的電⬛

大便能夠產⬛
在英國，有一種⬛這輛巴士是靠大便中⬛間發酵，會被當中的⬛巴士每加滿一次⬛糞便，每次可持續行⬛

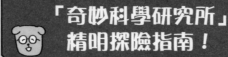

❸ 整理概念
這裏會用簡單又易於理解的文字，把與提問相關的科學概念準確地解釋。如果你想深入了解背後的原理，請看步驟❹！
的汽車、手機等各種物體都需要能
某炭、石油和天然氣等天然資源中
與物體的溫度相關的熱能
DRO
與物體位置相關的位能
看我的「動能」多厲害！
❹ 深入了解概念
智醒汪和懵傻喵會努力為你更詳細和深入地解釋這些概念，幫助你更好地理解。
巴士，稱為「生態巴士」。
燃料來驅動。大便經過長時
成沼氣。
約五個成年人一年所排出
❺ 延伸知識
這裏會講述更多與本頁科學概念有關的趣味知識。

閱讀小提示！

配合常識科教科書

教學主題表

如果想對照**常識科教科書**，請參考第122頁的教學主題表！你會發現，書中的章節跟常識科各年級的科學課程都有所聯繫。

科學詞彙索引

科學詞彙索引

如果想重溫書中**重點科學詞彙**，可以翻開第126頁，利用索引查找詞彙出現的頁數。

目錄

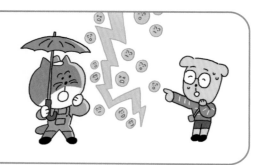

第2章 地球

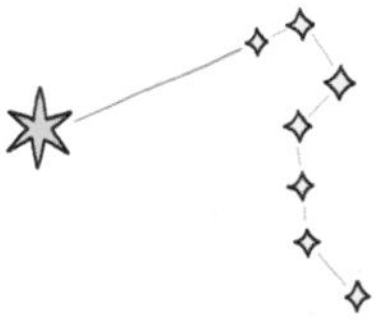

RUN

第1章

能量

光、熱、動能、位能、電力等都是我們身邊可以使用的各種能量，一起來認識這些能量吧！

為什麼我們從越高的地方掉下來會越痛？

物體在重力的牽引下並處於較高的位置，物體便會儲存能量，稱為「位能」。在重力下，物體從越高的地方開始墜落，位能就會越大。所以比起山腳的物體，山頂上的物體具有的位能比較大。位能越大的物體，往下掉時造成的衝擊就越大。

懵傻喵啊，我爬上梯子把沙灘球掉下來，沙灘球的能量應該比較大。你比較一下是不是會比較痛？
儲存起來的位能
不要！

能量是做各種事情所需的動力，生物、行駛的汽車、手機等各種物體都需要能量才能運作或移動。我們可以從太陽、水、煤炭、石油和天然氣等天然資源中獲得能源。能量亦能以多種形式存在。

不同的能量形式

來自太陽或電燈泡的**光能**

與物體的溫度相關的**熱能**

移動中的物體具有的**動能**

與物體位置相關的**位能**

電流動時產生的**電能**

大便能夠產生能量嗎？

在英國，有一種依靠大便來移動的巴士，稱為「生態巴士」。這輛巴士是靠大便中所產生的沼氣作為燃料來驅動。大便經過長時間發酵，會被當中的微生物慢慢分解，形成沼氣。

巴士每加滿一次燃料，需要收集大約五個成年人一年所排出的糞便，每次可持續行走大約300公里。

信用卡背面的黑色長條是磁鐵嗎？

沒錯！信用卡背面的黑色長條稱為「磁帶」，上面塗上了非常細小的磁粉，信用卡的所有資料都被儲存在這裏。磁粉需要按一定的規則鋪排，才能把資料記錄。除了信用卡外，存摺簿、舊式車票等物品中，我們也能發現磁帶的蹤影呢。如果把磁鐵放在磁帶上，資料也會消失，無法再用。這過程叫「消磁」，所以一定要小心呢！

小實驗！尋找隱藏在信用卡上的磁鐵

準備材料：不再使用的信用卡、鐵粉、透明膠紙、白紙

1. 準備一張有磁帶但不再使用的信用卡！

2. 把鐵粉灑在磁帶上，確保鐵粉能均勻灑在整條磁帶上。

3. 把信用卡輕輕地抖一抖。你會發現磁帶上的鐵粉會以條碼的模樣排列，鐵粉貼在磁帶上了！

4. 用透明膠紙貼在磁帶上，確保膠帶將鐵粉黏住，然後將膠紙貼到白紙上，就能更清晰地觀察了！

磁鐵是能夠吸附鐵的黑色礦物，我們常見的磁鐵有長條形的條狀磁鐵、U字形的馬蹄磁鐵、像硬幣般的圓形磁鐵。所有磁鐵的兩邊末端都有磁極，磁性最強，指向北方的一端，稱為「N極」；指向南方的一端，稱為「S極」。

磁鐵的性質

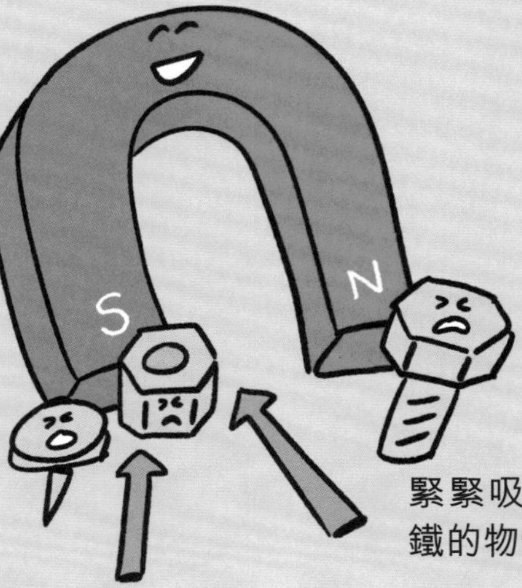

S
N
緊緊吸住了含鐵的物體！

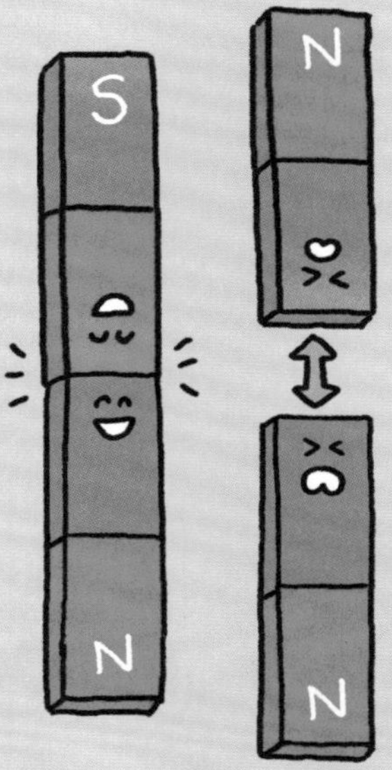

S
N
N
N
相同的磁極會互相排斥；不同的磁極會互相吸引！

不論試多少次，磁鐵都是指向同樣的方向呢！
是啊，N極永遠指向北方，指南針便是利用磁鐵的性質製成，用來尋找方向呢！
N
S
指向一定的方向！

候鳥也是利用磁鐵來辨別方向嗎？

季節更替時，候鳥會遷徙到幾千公里外的地方，季節再度更替時，便會回到原本的地方。牠們能夠輕易地辨別方向，秘訣就是候鳥的頭裏有磁鐵！候鳥的頭和腦袋之間，有非常小的磁鐵組織，所以候鳥能夠感知北方和南方，找出正確的飛行方向。

怎樣進行有趣又環保的「釣廢鐵」活動？

在法國巴黎塞納河畔，有一種大受歡迎的垂釣活動。可是釣的並不是魚，而是已經生鏽的自行車或金屬製的古董。人們不會預知釣上來的物品會出現什麼，因而感到興奮，認為活動很有趣。河底的垃圾慢慢被人們釣上來，從而清潔了河牀。這些釣客用的不是一般的魚絲，而是不易斷裂的鋼線；用的誘餌不是蚯蚓，而是用磁鐵，所以河水裏的廢鐵能被磁力拉上來。

磁力即是從磁鐵產生的力量，磁鐵周圍的磁力會產生一定範圍的力場，稱為**磁場**。磁鐵能夠吸住鐵粉，是因為鐵粉處於磁場中。當鐵粉越接近磁鐵，受到的磁力便會越強；離磁鐵越遠，磁力就會越弱，直至鐵粉離開了磁場。

磁石周圍的作用力

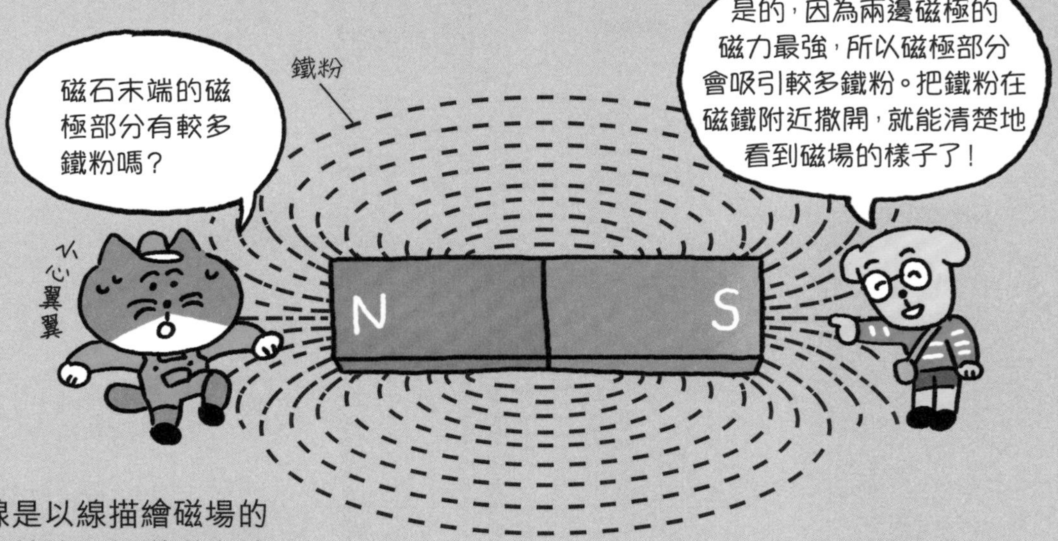

鐵粉
磁石末端的磁極部分有較多鐵粉嗎？
小心翼翼
N
S
是的，因為兩邊磁極的磁力最強，所以磁極部分會吸引較多鐵粉。把鐵粉在磁鐵附近撒開，就能清楚地看到磁場的樣子了！

磁力線是以線描繪磁場的樣子，就算不知道磁力線是從哪裏開始，我們都能知道磁場的方向。

磁場的方向

N
S
因為磁力線是從N極出來，再進入S極的！
N
S

地球也有磁場？

地球的磁場是由來源不同的磁場疊加而成，它可以說是地球的「盾牌」，能夠擋住來自太空的輻射等能量。例如太陽的帶電粒子受地球磁場牽引，和地球大氣層中的空氣碰撞並被擋住，在南北極形成「極光」，極光的出現便證明了地球磁場的存在。

為什麼在水裏會聽不清楚水外的聲音？

當空氣中傳播的聲音遇到水，有部分會被吸收，所以在水裏會聽不清楚水外的聲音。如果聲音在水中發出，即使是同樣的音量，我們也會覺得聲音比水外傳來的聲音大很多，這是因為水能比空氣更好地傳遞聲音。水、空氣等能用來傳遞聲音的東西，稱為「媒介」，牆壁和桌子等固體，也能作為傳遞聲音的媒介呢。

我好像聽到魚羣蜂擁而至的聲音！
我什麼聲音都沒有聽到……
因為水裏的聲音，在水裏會聽得較清楚呢！

不同媒介傳遞聲音的能力
啊！
固體 > 液體 > 氣體

問題：那麼在宇宙中，聲音會是怎樣傳遞的呢？

答案：因為宇宙中沒有空氣作為媒介，所以我們不會聽到任何聲音。

我們大部分都是通過空氣（氣體）來傳遞聲音的！

聲音是由物體振動產生的，如果我們把手指放在結他發聲的弦線上，就能感覺到它強烈的振動，而其他弦線沒被撥動時，則沒有振動，也沒有聲音。同樣地，人聲也一樣，當喉嚨裏的聲帶振動，人就可以發出聲音。

人的聲音也有指紋嗎？

每個人都有自己獨特的嗓音，當我們用電腦分析聲音時，就會發現我們的聲音像指紋般具有唯一的獨特性，稱為「聲紋」。有時候，專家們通過聲紋辨識，尋找某些案件的疑犯。

音量的大小

為什麼樓上跑動的聲音聽起來那麼大？

聲音從樓上的地板發出開始，通過樓上的牆壁、我們家的牆壁、排水管等，傳遞到我們家的天花板，並把聲音傳播開來。當聲音通過固體傳遞過來，就會比通過空氣傳來的效果更好。所以，即使是樓上鄰居微小的腳步聲，在我們家也會形成很大的噪音。

救我啊！
從牆壁傳下來的聲音很吵啊，拜託他們輕力點！

「震耳欲聾」是什麼意思？

意思是說耳膜快要被太大的聲音震破了！耳朵裏有個小鼓狀器官「鼓膜」，耳膜將空氣的振動傳遞到耳骨和耳蝸，使我們聽到聲音。如果聽到太大的聲音，耳膜就會有撕裂的危險，即是所謂的「震耳欲聾」。

聲音的強度即是指**音量的大小**。如果我們大力打鼓，鼓聲就像雷一樣響；如果我們輕輕敲打，就會發出較小的聲音，你有試過吧？聲音的強度會根據物體振動的強度而變化。就像體重以單位公斤(kg)表示、身高用厘米(cm)表示，而聲音的強度可以用分貝(dB)表示。

聲音強度的比較

物體的振動越大，
聲音就越大。

音量調到最大，能感覺到振動了！
如果調低音量，振動會減弱嗎？

生活中的聲音強度

時鐘秒針移動的聲音
約**20dB**

説悄悄話的聲音
約**30dB**

日常對話的聲音
約**60分貝**

汽車響號的聲音
約**110dB**

飛機飛行的轟鳴聲
約**120dB**

音調的高低

為什麼大提琴和小提琴很相似，卻會發出不同的聲音？

因為它們的大小不同，弦線的粗幼和長度也有不同。小提琴的體積較大提琴小，弦線也較幼，所以能夠發出較高的音調，即是所謂的「高音」。發出聲音的物體體積越小、越薄，便能產生越快的振動。振動越快，就能發出越高的音調。

我能發出最高而尖鋭的音調。
小提琴
我比小提琴大一點點，能夠發出較低的音調。
中提琴
這樂器的音量比中提琴更大，音調也更低。
大提琴
這裏的樂器中，我能發出的音量最大，音調也最低。
低音大提琴
即使樂器的外型相似，只要體積越大，而弦線越粗、長度越長，就能發出越低的音調。

音調的高低是指聲音頻率的高低，而聲音頻率的高低取決於物體的振動速度。當物體快速振動時，它會發出較高的音調；當它緩慢振動時，它便會發出低音。科學家們將一秒內振動的次數稱為「頻率」，以赫茲(Hz)為量度單位。一個音和比它高八度的音作比較，後者的振動頻率是前者的兩倍。

音調的比較

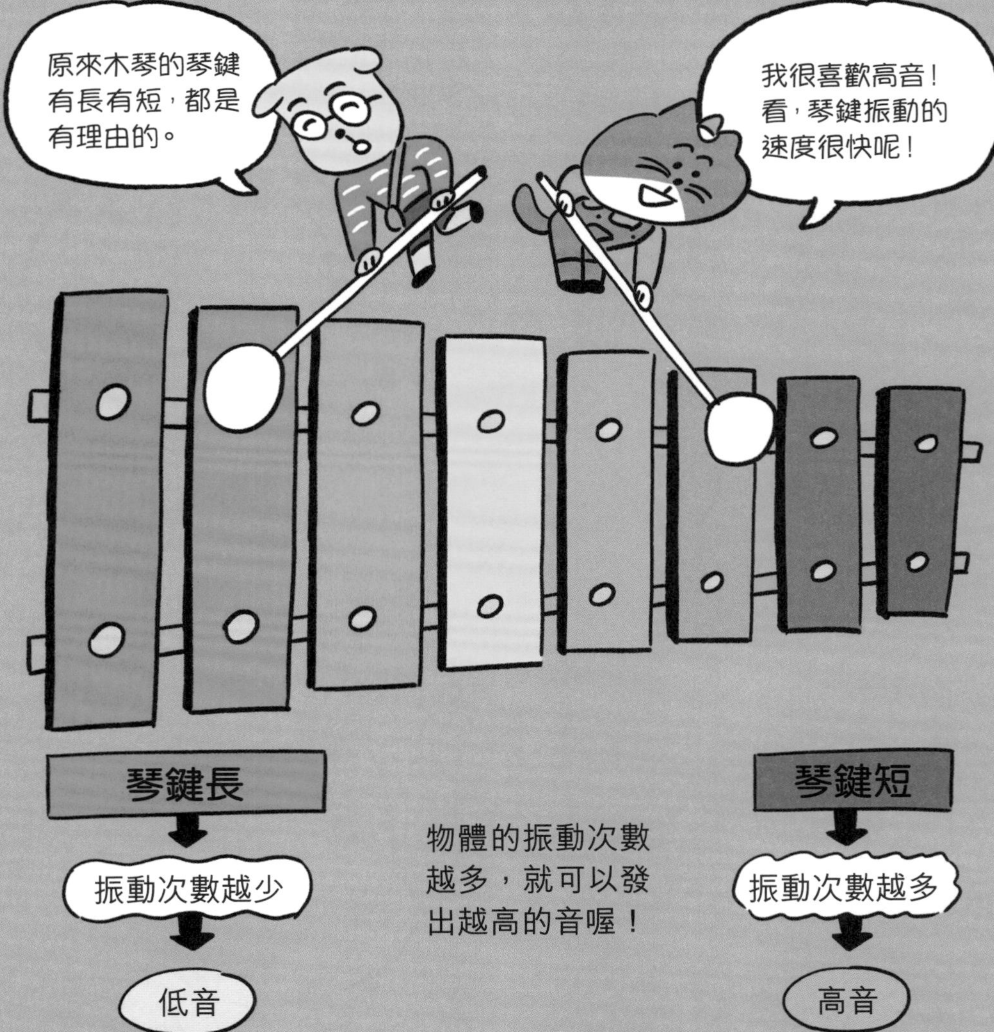

原來木琴的琴鍵有長有短，都是有理由的。
我很喜歡高音！看，琴鍵振動的速度很快呢！
琴鍵長
振動次數越少
低音
物體的振動次數越多，就可以發出越高的音喔！
琴鍵短
振動次數越多
高音

為什麼女生的音調比男生高？

因為女生的聲帶普遍比男生的較短和薄，即是女生的聲音比男生的振動頻率次數更多。男生的聲音頻率大概是100至150 Hz，女生的聲音頻率是大概是200至250 Hz。

聲音的反射

為什麼在浴室唱歌，會變成悅耳好聲音？

你以為自己的聲音那麼悅耳，可以當歌手了吧？可是，也有可能是錯覺啊！正如我們在卡拉OK房中加入回音效果一樣，在浴室唱歌也會自動產生回音的。這是因為聲音會撞擊瓷磚牆壁，向多個方向反射並形成回音，歌聲會變得飽滿、悠揚，所以你會感覺自己唱得特別好。

聲音的反射是指聲音撞擊牆壁或天花板等障礙物，向另一個方向反彈回來。當聲音遇到像牆一樣堅硬的物體時，會更容易反射；但遇到像海綿或泡沫塑料般柔軟的物體時，便不容易反射了。

來發現生活中的聲音反射！

演奏廳

為了能讓聲音均勻地傳遞，演奏廳的天花板或牆壁上會設置音響反射板。

通過聲音的反射，我們可以聽到更好的音質！

公路

為了防止汽車的噪音騷擾附近的居民，公路兩旁會設置隔音屏障來反射噪音。

居民便可以不被噪音騷擾！

聲音能夠用來測量距離嗎？

超聲波可以用作測量距離。超聲波是指頻率高於人類耳朵可以聽到的聲波，只要測量聲音撞擊障礙物後並返回原處所需的時間，就可以利用速度計算距離。我們亦是通過這種方法來測量海底距離陸地的深度，並掌握海底的地形。

為什麼在升降機裏蹦跳很危險？

「升降機超載！」我們都曾在升降機裏聽過這個警告。沒錯，升降機能辨別裏面乘客的總重量。如果重量比規定的還要重，安全裝置便會啟動，升降機就會停止運作。當有人在升降機裏蹦跳，升降機承載的重量會迅速變大變小，就像我們在體重計上跳躍，顯示體重的指針會左右搖擺一樣。那樣會使懸掛升降機的鋼纜超負荷，變得非常危險，因此我們不可以在升降機裏蹦蹦跳跳！

物體的重量會根據所在地點而有所不同。而物體內所含有物質的量卻不會因環境不同而改變，稱為**質量**。
呵，當我在月球上，我的體重是在地球的6分之1！
重量 5kg
即使離開地球，我的體重也是一樣的嗎？
重量 30kg
因為地球的引力是月球的6倍，所以我們在地球的體重會比在月球的時候重。重量等於地球的引力！

重量是指地球施加於物體的重力（又稱地心吸力）。例如，一頭大象受到地球的引力比一隻小老鼠要大得多，因此重量也會比老鼠重。現在，重量通常使用克（g）或公斤（kg）單位來表示，但其實物理學上這是質量的單位。原本重量的單位，應該是克重（gw）、公斤重（kgw）才對，但人們為了方便說明，在一般生活上會省略了「重」字。

空氣也有重量的嗎？

比羽毛輕的空氣，其實也有重量的。把還未充氣的氣球放在電子秤上量度，然後用嘴巴把空氣吹脹氣球再量度，你會發現氣球的重量會輕微上升，可以確認空氣也是有重量的。

為什麼在太空中無法使用原子筆？

1960年代，太空人在太空做筆記時嚇了一跳，因為原子筆的墨水無法流出來，寫不了字。那時的原子筆需要墨水流到末端，把小珠弄濕後才能寫出字來。由於地球上有重力，墨水會自然流下來。但是太空並沒有重力，所以墨水保持靜止，不會向下流。後來在1965年，科學家發明了在太空也可以使用的特殊筆，這就稱為「太空筆」。

地球重力是物體受地球中心的方向吸引的力量。不僅是地球，火星、金星、太陽和月球等所有天體都有各自的重力，但宇宙空間卻幾乎沒有重力，所以身處宇宙的太空人都是會漂浮起來的。

這就是重力！

無論從地球的任何地方，放開任何東西，它都只會往下掉，這是因為重力會把物體拉向地球中心。

我們舉起東西很費勁，這是因為把東西向上舉，便是跟把東西往下拉的重力拉鋸。

舉起越重的東西會越費勁，這是因為地球施在較重物件的重力會較大。

如果有一天重力突然消失會怎樣？

估計所有人和物都會漂浮起來吧！而且，這會對我們的健康帶來不良影響，這是因為骨骼和肌肉不再需要承受重力後，會逐漸變得脆弱。而吃下的食物會停留在胃部和腸中，無法正常消化，可能導致消化不良。

保持平衡

為什麼滑冰選手在轉彎的時候，身體要向一邊傾斜？

速度滑冰比賽中，為什麼所有選手在轉彎時身體都會往場裏傾斜呢？原來那是為了保持平衡呢！當選手快速轉圈時，會產生一種想要遠離圓中心的力量，即是「離心力」。為了不讓身體因為這種力量而摔倒，選手便要向相反方向，即向圓的中心傾斜。

讓物體**保持平衡**的狀態，即是不向任何一側傾斜。想要讓物體保持平衡，就要考慮它的「重心」了。物體的重心是防止物體倒下的中心點，就像蹺蹺板的支撐點一樣。

物體重量相等時怎樣保持平衡

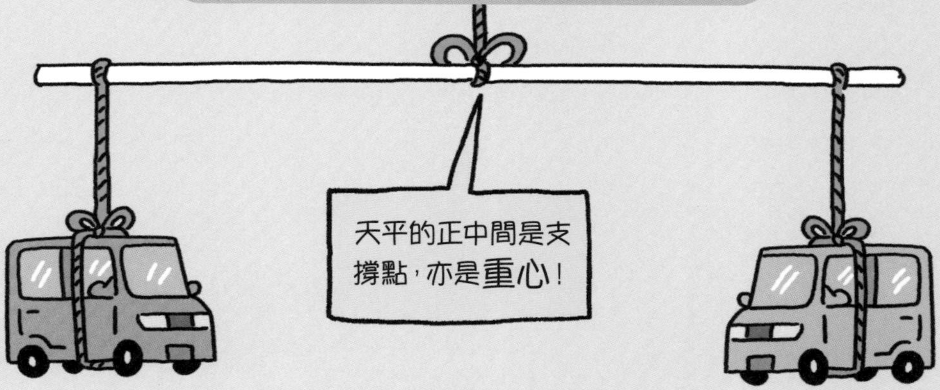

天平的正中間是支撐點，亦是重心！

物體重量不同時怎樣保持平衡

把較輕的汽車往中心移動，天平變得更傾斜了！
把較重的貨車往中心移動，天平才能保持平衡。

每個人步伐不同，因為身體保持平衡的方法不一樣！

我們的身體為了能好好走路、不摔倒，會不自覺地保持平衡，例如擺動雙臂走路。雖然肉眼看不見，但其實頸部、肩膀、腰部等所有關節，都在默默地移動來保持平衡。因為每個人的體型都不一樣，所以身體各部分用來保持平衡的動作幅度都不一樣。這就是各人走路姿勢不同的原因！

我們看到的不是物件本身，而是看到了照射在物件上的光？

太陽或電燈等會發光的物品，讓我們可以看到周圍的東西。如果沒有光，我們便什麼都看不到了。生活中的房子、學校、書本等，都不會自己發光，我們能看到這些物件，是因為它們受到光線照射時，會反射光線並進入我們的眼睛，才令我們可以看到這些物件。

電燈的光線直接進入眼睛。
光線照射到書上後被反射並進入智醒汪的眼睛，讓他可以讀書。

光會刺激我們的眼睛，讓我們看到物體。而且，光還能使我們感到溫暖，能讓植物進行光合作用來產生養分。此外，我們還可以利用光發電。

光譜

世上有肉眼可見的光，亦有肉眼看不到的光。我們把光分散開來分析，就這樣形成一條線狀的「光譜」。

紫外線可以給牙刷或廚房用具進行殺菌消毒

紅外線在黑暗地方能找出人和動物的輪廓

伽瑪射線	X射線	紫外線		紅外線	微波	無線電波

X射線令我們能窺視體內情況

我們用肉眼可見的光線，稱為「**可見光**」。當光線穿過棱鏡，我們可以看到彩虹色的光譜。

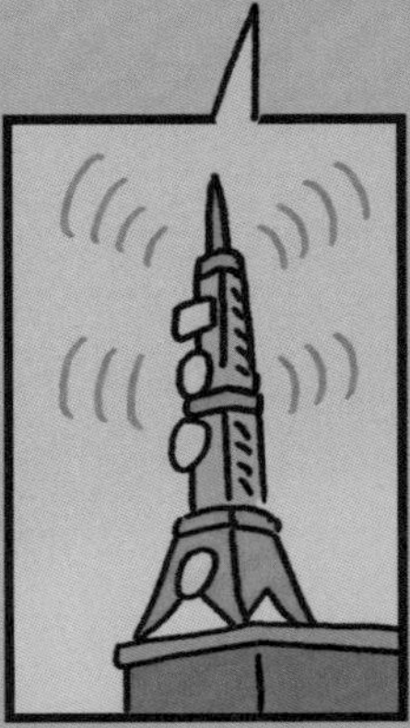

電視台利用**無線電波**來傳送訊號

光比聲音快得多！

你還記得打雷時，雷聲和閃電哪個先出現嗎？我們總是先看到閃電，然後才聽到雷聲的，這是因為光比聲音的速度快很多。光每秒移動約30萬公里，聲音每秒移動只有約340米。

影子有彩色的嗎？

影子不一定是黑色的，世上還有彩色的影子。如果光線照射到不透明的物體上，影子便是黑色的。但如果光線照射在玻璃紙那種半透明物體上，只有部分的顏色光能穿過，就能形成有顏色的影子！

影子遊戲：齊來製造彩色的影子！

準備材料：黑色顏色紙、玻璃紙、玻璃紙膠紙、剪刀、美工刀

1. 把想做的影子形狀畫在黑色紙上，然後將那形狀剪出來。

2. 把想顯示的顏色影子部分剪成中空，使用美工刀時要多加小心！

3. 利用透明膠紙在中空的部分貼上不同顏色的玻璃紙。

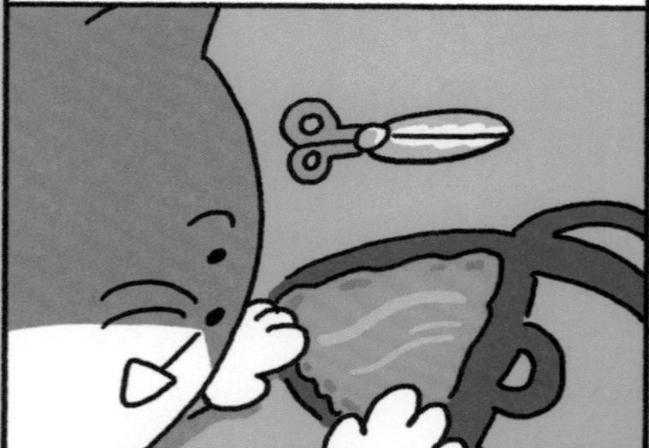

4. 把燈光照在完成品上，看看牆壁上的影子吧！

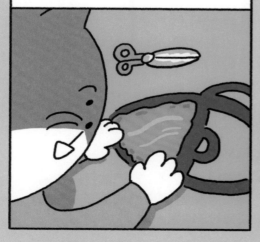

影子是當光線被物體擋住時，出現在物體後面的黑暗區域，影子的形狀和物體的形狀是相同的。影子的長度和方向取決於光源所在位置，光源與物體的距離不同，影子的大小也會有所不同。

影子的形狀和變化

當光線從高處照射下來，影子就會變短。
當光線從低處照射過來，影子就會變長。
當你離光源越遠，影子就變得越小！
當你越靠近光源，影子就變得越大！

我們可以看到地球的影子嗎？

在「月食」的時期，我們就可以看到地球的影子遮擋着月球。月食時，又大又圓的滿月會從邊緣開始逐漸被遮住（詳細說明在第37頁）。月食一年平均只可以出現兩次，如果遇上了，記得要把握機會好好觀察呢！

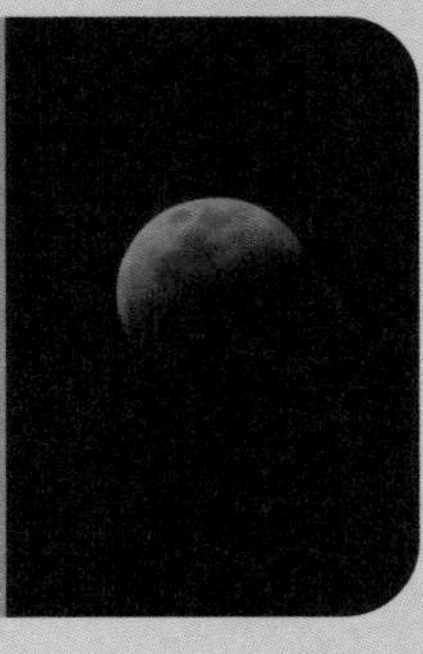

怎麼可能有激光劍？

科幻電影中經常出現的激光劍決鬥場面，其實在科學上是不可能出現的。激光可以說是一種光，而它在遇到障礙物之前會無限延伸，所以這把劍根本決鬥不了。因此即使兩把激光劍相撞，光也會直行，直接穿過對方的劍。

不要把激光射向眼睛，會損害視力啊！

光的直線進行是指光線以直線傳播的性質。在我們日常生活中，很容易觀察到光的直線進行，例如從雲層之間灑落的陽光、從門縫透進來的燈光等。

因為光的直線進行……

會產生影子！因為直線傳遞的光線被物體擋住了。
物體和影子的形狀相似，也是因為光的直線進行。
我和我的影子形狀真相似，真神奇。

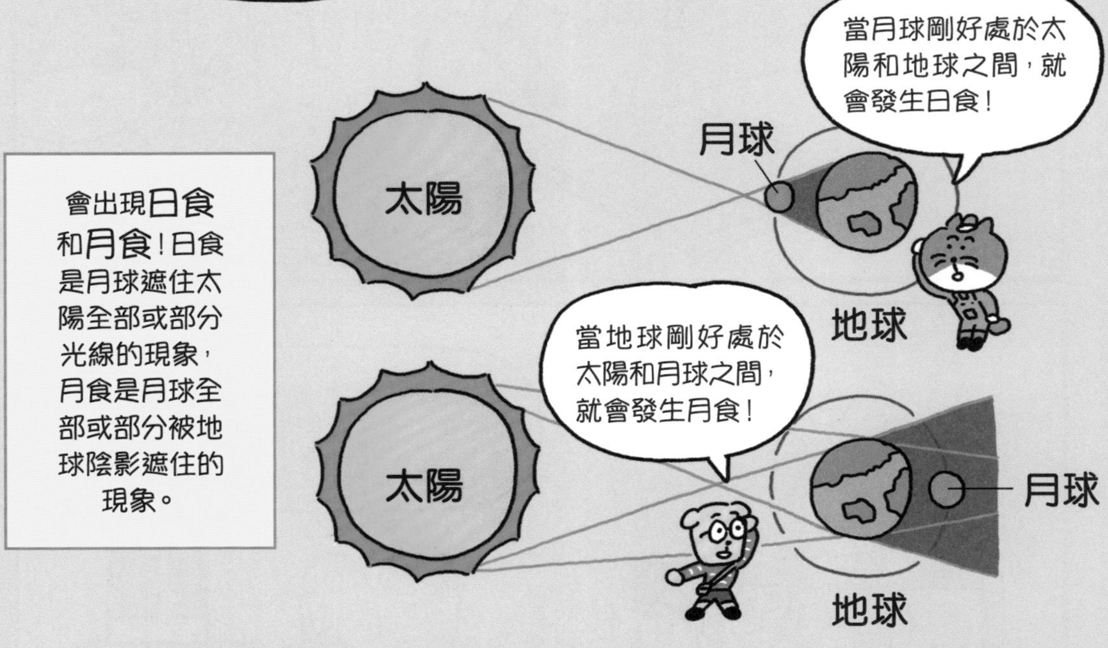

會出現日食和月食！日食是月球遮住太陽全部或部分光線的現象，月食是月球全部或部分被地球陰影遮住的現象。
當月球剛好處於太陽和地球之間，就會發生日食！
太陽
月球
地球
當地球剛好處於太陽和月球之間，就會發生月食！
太陽
地球
月球

如果光線不是直線進行會怎樣？

在日常生活中使用光線會變得十分困難，因為不知道光會走向哪個方向！例如在美容院，用作脫痣的激光可能會射偏，導致正常的皮膚被曬黑；或者在超市裏，店員無法掃描商品的條碼，我們生活就會吃盡苦頭。

魔術師把身體變走了！這是怎麼回事？

來看神奇的魔術表演！懵傻喵走進箱子裏，就只剩下一個頭了！魔術師把他的身體變走了嗎？其實這都是騙人的！魔術師的盒子裏有一面鏡子，所以我們其實只是看到鏡子裏映照出的盒子底部。

看！
懵傻喵的身體不翼而飛了！這是怎麼回事呢？

腳快麻了……
因為我們只看到鏡子裏反射的影像，所以看起來懵傻喵的身體被變走了。
噢，被拆穿了。

光的反射是指直線進行的光遇到物體後，會改變方向的性質。這現象很實用，例如我們照鏡子能看到自己的樣子，也可以看到身後的物體。

鏡面反射

光照射在表面平滑的物體，例如鏡子、有光澤的金屬、玻璃等，會有規律向同一個方向反射，所以我們能清晰地看見鏡子裏的影像。

漫反射

光照射在粗糙不平的表面，例如破碎的鏡子、凹凸不平的金屬或流水等，會向多個方向散亂地反射出來，因此我們很難從這些物件上看見清晰的影像。

世上其實沒有藍色的鳥兒和蝴蝶？

藍知更鳥、冠藍鴉和藍閃蝶等，看上去是藍色，其實本來是呈褐色和灰色的。因為翅膀和翼膜之間有層薄薄的空氣，這層空氣吸收了大部分的光線，只反射藍色到我們的眼睛，所以我們的眼睛便看見那些鳥兒和蝴蝶是藍色的。

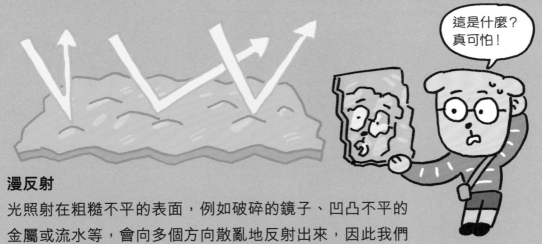

光的折射

為什麼沙漠中會出現海市蜃樓？

有些探險家在沙漠或極地會看到虛幻的東西，如遠處的椰子樹下有一片綠洲、雲層上聳立着巨大宮殿等。這種現象叫海市蜃樓，通常出現在沙漠或極地等空氣和土地溫度差異較大的地方。當溫差較大時，光線在不同的空氣層間會發生「折射」而彎曲，所以物體看起來出現在和實際不同的地方。

在沙漠中，由於地面的熱空氣影響，仙人掌或椰子樹下看起來像是有湖水一樣。

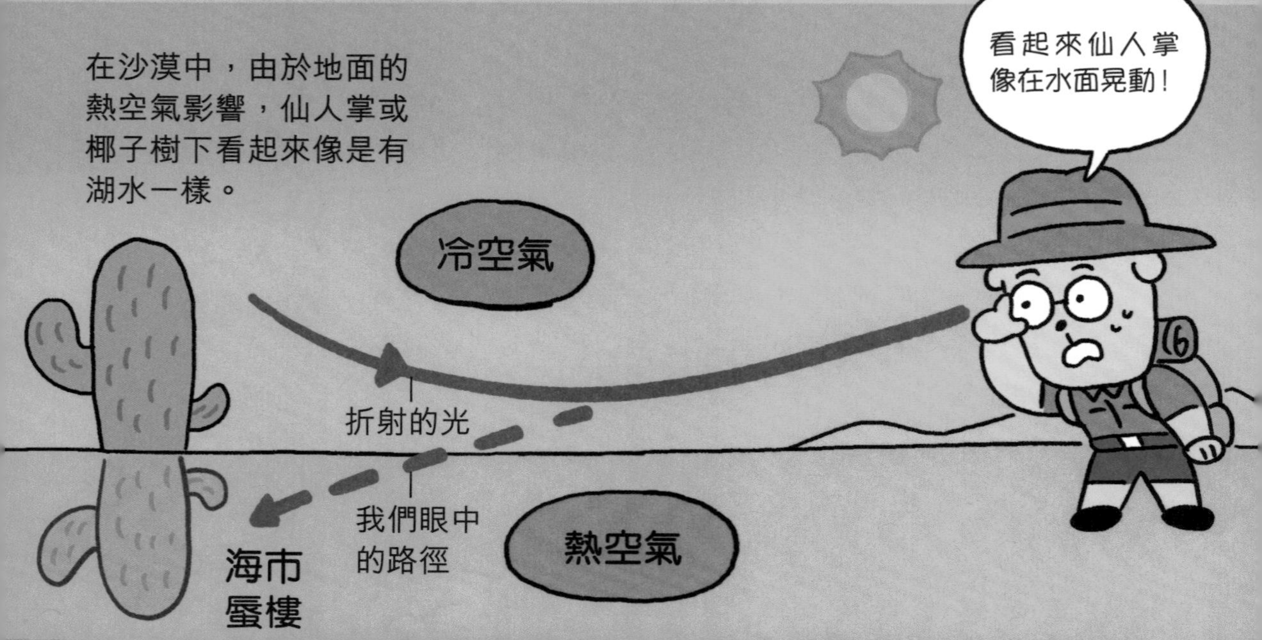

在寒冷的水域中，由於水面的冷空氣影響，船看起來就像顛倒着飄向天空一樣。

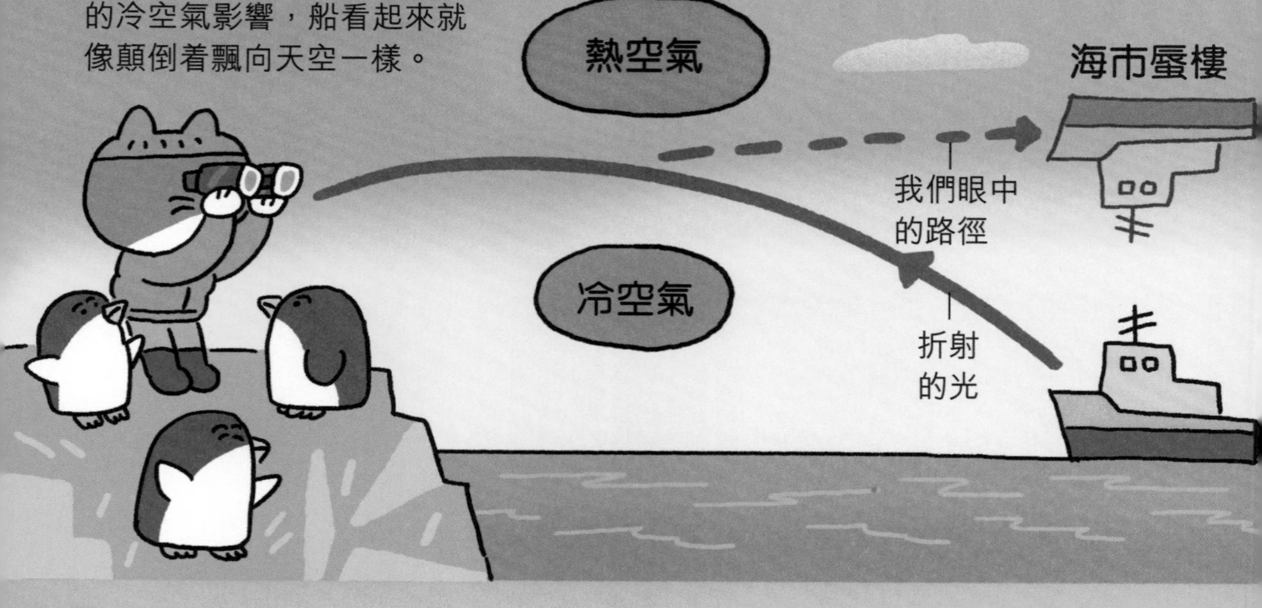

光的折射是指光線從一種物質轉移到另一種物質時出現彎曲的現象。這是因為光線經過不同的空間（媒介）時，傳遞的速度也不同。所以，當光在水和空氣、玻璃和空氣、油和空氣等不同媒介間傳遞，光線便會折射。

光線通過不同媒介的折射現象

放進水杯裏的湯匙看起來像斷開了！
把湯匙還我……

硬幣投到杯底時明明看不見，但倒進水後卻漸漸看得見了！
把杯子還我……

如果我們用激光筆觀察，應該能看到光線發射的樣子。
對啊！激光在水面折射出來的彎曲現象看得真清楚！

想用眼睛看激光嗎？往透明的水盤裏注水，加入幾滴牛奶，然後在水盤裏點香，使它填滿煙霧後蓋上蓋子，最後用激光筆往水盤裏發射激光，便能清楚看見。

為什麼彩虹的顏色有很多種？

彩虹是在大自然中光的折射現象，太陽光線包含了各種顏色，混合看來成了白色。但是當下雨後，陽光遇到空氣中的水滴，就會折射並分拆出彩虹色的光，光線射向多個方向，所以會形成從紅色到紫色的彩虹。

透鏡

為什麼戴上眼鏡後就能看清楚東西？

大家身邊總有一些同學，不知從什麼時候開始看不清遠處景物，而需要戴眼鏡。那可能是因為眼球變長了，令進入眼睛的光線無法正常聚焦在視網膜上，導致視力下降。但只要戴上眼鏡，便能使光線在視網膜上聚焦，回復視力！

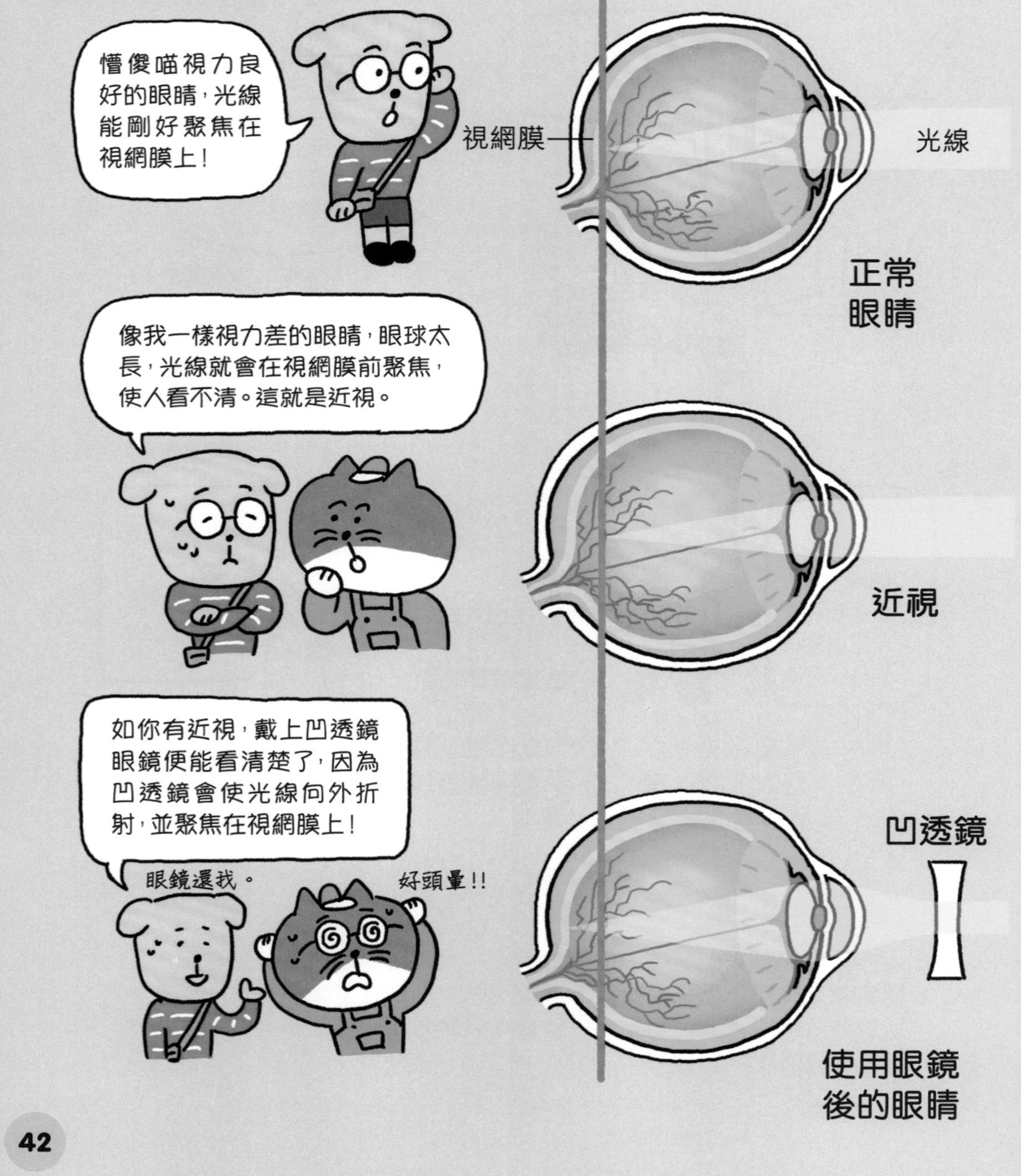

懵傻喵視力良好的眼睛，光線能剛好聚焦在視網膜上！
視網膜
光線
正常眼睛
像我一樣視力差的眼睛，眼球太長，光線就會在視網膜前聚焦，使人看不清。這就是近視。
近視
如你有近視，戴上凹透鏡眼鏡便能看清楚了，因為凹透鏡會使光線向外折射，並聚焦在視網膜上！
眼鏡還我。
好頭暈!!
凹透鏡
使用眼鏡後的眼睛

透鏡是由玻璃或塑料製造的，通常中間會比邊緣更厚或更薄，分別稱為凸透鏡或凹透鏡，可以使光線聚集或擴散。凸透鏡會應用於放大鏡、相機、顯微鏡和「老花」眼鏡上；凹透鏡會應用於近視眼鏡上。

類型	凸透鏡	凹透鏡
形狀	與邊緣相比，中間部分較厚。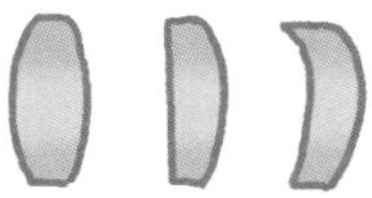	與邊緣相比，中間部分較薄。
光線折射的方向	光線會聚集起來。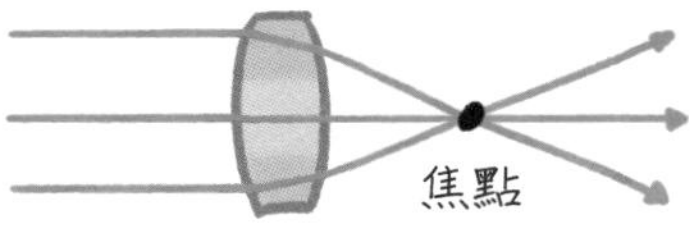	光線會擴散。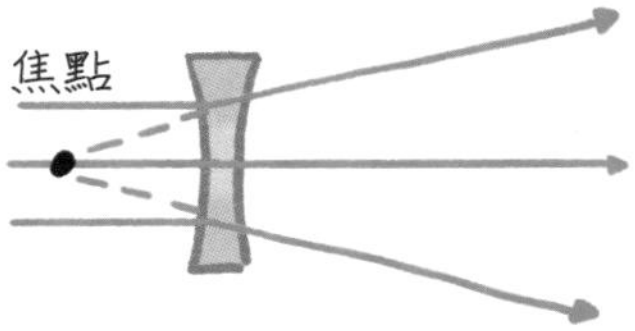
看近距離的物體		
看遠距離的物體		

動物眼中的世界跟我們是不同的嗎？

全部有眼睛的動物，包括人類、狗、魚、蜻蜓等，眼睛都有像透鏡的「晶狀體」。有趣的是，每種動物的晶狀體都不一樣，所以看見的世界看起來都不同。例如魚的眼睛擁有160度以上的視野；蜜蜂和蜻蜓等昆蟲有複眼，如很多眼睛重疊在一起，牠們看出來的世界就像馬賽克拼貼畫。

能檢查體溫的測溫器運作原理是怎樣的呢？

我們身體的溫度叫做「體溫」，用非接觸式紅外線測溫器測量體溫時，它會感應我們額頭發出的紅外線強度，並轉化為數字來表示我們身體的熱量和體溫。但是為什麼一定要是額頭呢？這是因為額頭對體溫變化很敏感！

非接觸式紅外線測溫器

使用時不用直接接觸，只需要把它靠近額頭或耳朵後面的位置，就可測量體溫，但是必須確保皮膚上沒有汗水或異物。

接觸式紅外線體溫計

使用時把尖端放在耳朵裏，待1、2秒後按鍵便可。但如果耳朵裏有有像耳垢一樣的異物，體溫就無法正常測出來！

紅外線熱像儀

如果利用紅外線熱像儀拍攝身體，根據體溫的高低，影像上身體各部分會呈現不同的顏色，通常發燒的人會比別人顯得更紅！

水銀探熱針

使用時要把它夾在腋下並等待約5分鐘，水銀受熱會膨脹，水銀柱升高至不同刻度來表示體溫。因為水銀很危險，所以人們現已不怎麼用它來測量體溫了。

溫度是以數字來表示物質的冷熱程度，溫度的單位主要有兩個，令全世界的人們都可以用來客觀地表示溫度。透過這些統一的溫度單位，大家無論去到哪裏都能準確地知道物體的冷熱了。

嗯，是很熟悉的溫度。

攝氏溫度°C

水凝固的溫度是0°C
100等分
水沸騰的溫度是100°C

攝氏溫度是我們最常用的溫度單位，水開始結冰的溫度為0°C，水開始沸騰的溫度為100°C，它們之間分開100等分，每個刻度定為1°C。

我們通常讀°C為「度」；表示°F的時候，我們會讀「華氏幾度」。

華氏溫度°F

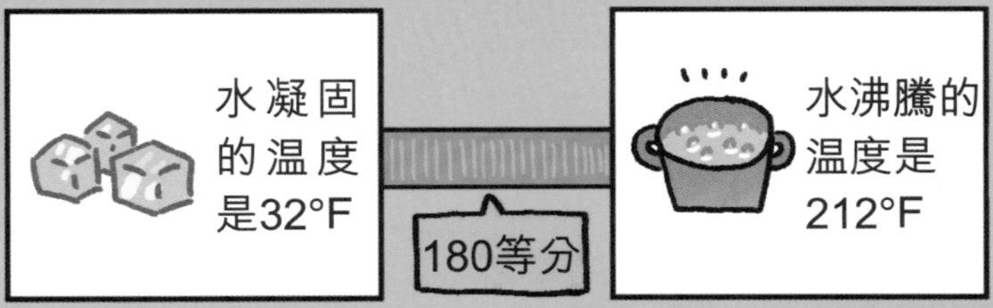
水凝固的溫度是32°F
180等分
水沸騰的溫度是212°F

有些國家例如美國，溫度是用華氏表示的。水凝固的溫度為32°F，水沸騰的溫度為212°F，它們中間180的等分是1°F。華氏0°F是攝氏-18°C左右！

看星星的「顏色」就知道它的溫度？

星星離我們太遠，看起來顏色都差不多。但是我們用望遠鏡觀察時，每顆星的顏色會因為溫度不同而有異。溫度越高的星越呈藍色，溫度越低的越呈紅色。例如太陽是黃色的，估計溫度約為5800°C；藍色星約為29000°C至60000°C。

為什麼熱氣球能升上天空？

熱氣球透過加熱氣球裏的空氣，使它升空並懸浮在空中。熱氣球的底部有個開口，下面裝有點火裝置。在下方點火的話，熱量會傳到氣球裏的空氣中。氣球裏的空氣受熱膨脹，部分空氣從氣球下方被擠出，氣球內部變得比外面輕，氣球便騰空升起。在家中，你可以利用塑料袋，用電風筒把熱風吹進袋子，就能輕易理解這個原理了！

熱能夠提高物體的溫度或改變其狀態。**熱的傳遞**是指熱量會從熱的地方傳送到冷的地方，隨着熱量不斷向較冷處流走，最終兩個地方的溫度會逐漸相同。當溫度相同時，熱量便不再傳遞。

熱的傳遞方法

對流
暖空氣會向上升，處於上面的冷空氣向下移動，便是對流的現象。這種傳遞方法不僅出現於氣體，亦會出現於液體。
傳導
物體互相接觸，便會有熱量傳遞。這種傳遞方法主要出現在固體上。
輻射
熱在物體之間不經過其他媒介而直接傳遞的方法。

怎樣停止熱的傳遞呢？就是把空氣去掉！

保溫瓶裏放的熱水為什麼能長時間保持熱度？這都是因為熱的傳遞被阻止了，保溫瓶的瓶身是雙層玻璃，兩層玻璃之間沒有空氣，處於真空狀態。真空狀態下熱不容易傳遞，這樣阻擋熱的傳遞的方法稱為「隔熱」。

翻頁書上，人物的移動可以稱為「運動」嗎？

翻頁書是在書上的每一頁順序畫出一個物件的變化，只要快速翻動書頁，上面的圖畫就會像動畫片一樣，生動地移動。這種書上的角色，在科學上可以說是「運動」了。我們平時說的「運動」是指打羽毛球、踢足球等體育活動；但科學所指的「運動」範圍更廣，它的着眼點是「位置」，只要物體的位置產生變化，就是運動了！

這是運動！

5秒後
和5秒前的位置
不一樣了！

這不是運動！

5秒後
和5秒前的位置
一模一樣啊！

物體的運動是指物體的位置隨時間的變化而改變。在物體運動前，我們先要找出它原本所處的位置，即是基準點（又稱作「原點」），然後比較它運動後的距離和方向。因此，找出基準點才能準確描述物體的運動。道理就像你坐在行駛的列車裏，你不會感到列車在移動，而錯誤地以為窗外風景在移動！

表示物體運動的方法

智醒汪騎着自行車上學了，如何才能準確地描述自行車的運動路線？

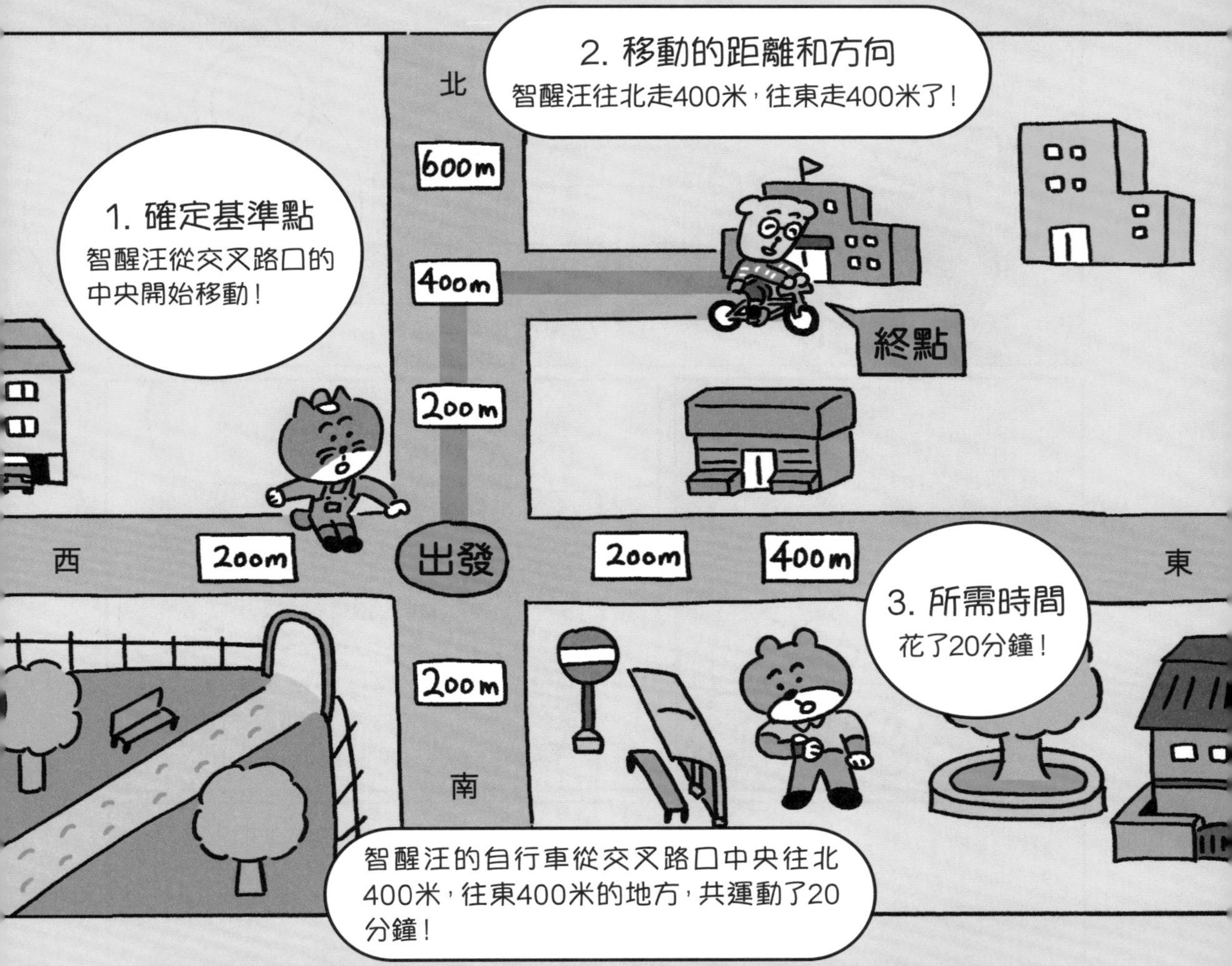

1. 確定基準點
智醒汪從交叉路口的中央開始移動！
2. 移動的距離和方向
智醒汪往北走400米，往東走400米了！
3. 所需時間
花了20分鐘！
北
南
西
東
600m
400m
200m
200m
200m
200m
400m
出發
終點
智醒汪的自行車從交叉路口中央往北400米，往東400米的地方，共運動了20分鐘！

在原地騎自行車也能算得上是「運動」嗎？

要判斷是否運動，我們要看的是基準點和運動後的比較！騎自行車的人位置沒有變化，所以看起來不是運動。但是，基準點應是自行車開動前靜止的輪子，因為輪子會隨着腳踏不斷旋轉，高低位置有變化，所以當然算得上是運動了。如果我們知道輪子的圓周和轉動的次數，就能描述它運動了多少。

賽跑運動員和游泳運動員比較，誰的速度更快？

世界頂尖的賽跑運動員和游泳運動員互相吹噓自己的速度更快！賽跑運動員跑100米花了10秒，游泳運動員跑游400米花了3分40秒。究竟誰更快呢？

尋找更快的選手！

賽跑選手跑100米需時10秒，游泳選手游400米需時3分40秒，什麼呀，距離不一樣啊！你怎樣能計算誰更快？
100m
10秒
100m X4 = 400m
3分40秒
只要計一下兩人在1秒間移動的距離不就行了？把移動的距離除以所用的時間，就能知道誰的速度更快了！
噢！
賽跑運動員一秒跑了10米！
100÷10=10
這樣計算太簡單了。那游泳運動員的速度怎麼計算？
1分鐘是60秒，3分40秒就是220秒吧？400除以220……他1秒游了約1.8米！
400÷220
=1.818
計算完畢！1秒鐘內賽跑運動員移動的距離比游泳的多約8.2米，賽跑運動員速度更快啊！
1

速度是物體在一定時間內移動了的距離。用來表示移動速度時，我們會使用m（米）、km（公里）等距離單位和s（秒）、h（小時）等時間單位進行計算，例如m/s (米每秒)、km/h (公里每小時)。

速度＝移動距離÷時間

跑步選手和自行車的速度會以m/s表示，像汽車或飛機這樣遠距離移動的物體，速度會以km/h表示。

18m/s

1秒行駛18米的自行車

800km/h

1小時移動800公里的飛機

5m/s

1秒跑5米的人

100km/h

1小時行駛100公里的汽車

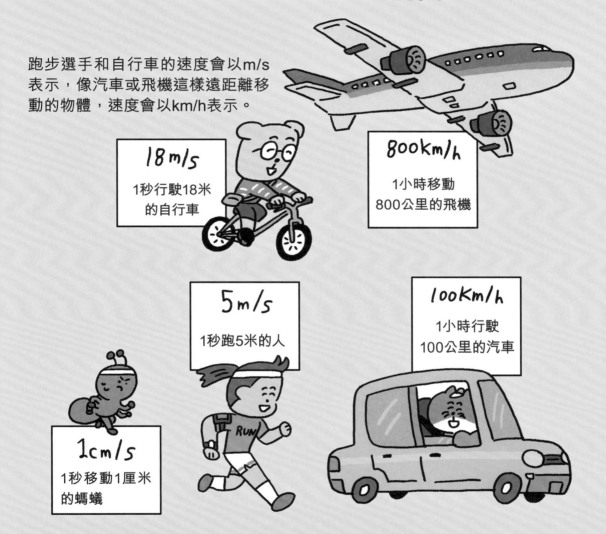

1cm/s

1秒移動1厘米的螞蟻

比聲音移動得更快的地球

我們在地球上生活，卻感覺不到地球在轉動。其實，地球每天以比聲音更快的速度旋轉一圈，地球自轉的速度約為1667km/h，但是為什麼我們不覺得頭暈呢？因為我們都和地球一起移動，所以感覺不到它在「自轉」（詳細說明在第113頁）。

為什麼閃電會以「之」字形出現？

閃電是在又高又厚的積雨雲冒起時所產生的，雲下方的暖空氣和上方的冷空氣相遇，雲裏就會產生電。這些電往地面方向移動時，就形成閃電。閃電因為空氣阻力不會垂直地往下，最終以「之」字形路線移動。閃電劃破天空的景象很美，但被閃電擊中可能會有危險，要多加小心呢！

冷空氣
熱空氣
原來「之」字形是閃電躲着空氣到處走的路線啊！
因為閃電只能選擇能通電的部分通過。

電是方便我們生活的能源。因為有電力，我們可以使用電視、冰箱、洗衣機等電器。但是大部分的電力是利用煤炭或石油等資源產生的，這些資源不但有限，還會引發全球暖化等環境問題。如果在家中使用不當，會導致觸電，甚至引發火災。所以我們要珍惜資源，謹慎用電。

靜電——停留的電

冬天脫毛衣的時候，身體會感覺麻酥酥的，頭髮也會緊貼在梳子上。這些情況都是**靜電現象**。這是由兩個物體摩擦時產生的，它亦稱為「摩擦生電」。

電流——流動的電

我們可以借助電流來使用電子產品和電器！

電在水中更容易傳導！

水具有良好的導電性，而我們身體約70%都是水，所以當我們用濕滑的的手觸摸電器時，電流便有可能通過身體，引起觸電並燙傷呢！絕對不要嘗試！

除了用電線杆，還可以怎樣供電呢？

電可以通過掛在電線杆上的電線傳導，可是有些國家或地區現在已經看不見電線杆。那是因為他們把電線埋在地底裏。如果在地上建造電線杆，掛上電線連接，除了容易發生意外，看起來也不太美觀。

電力傳到住宅之前

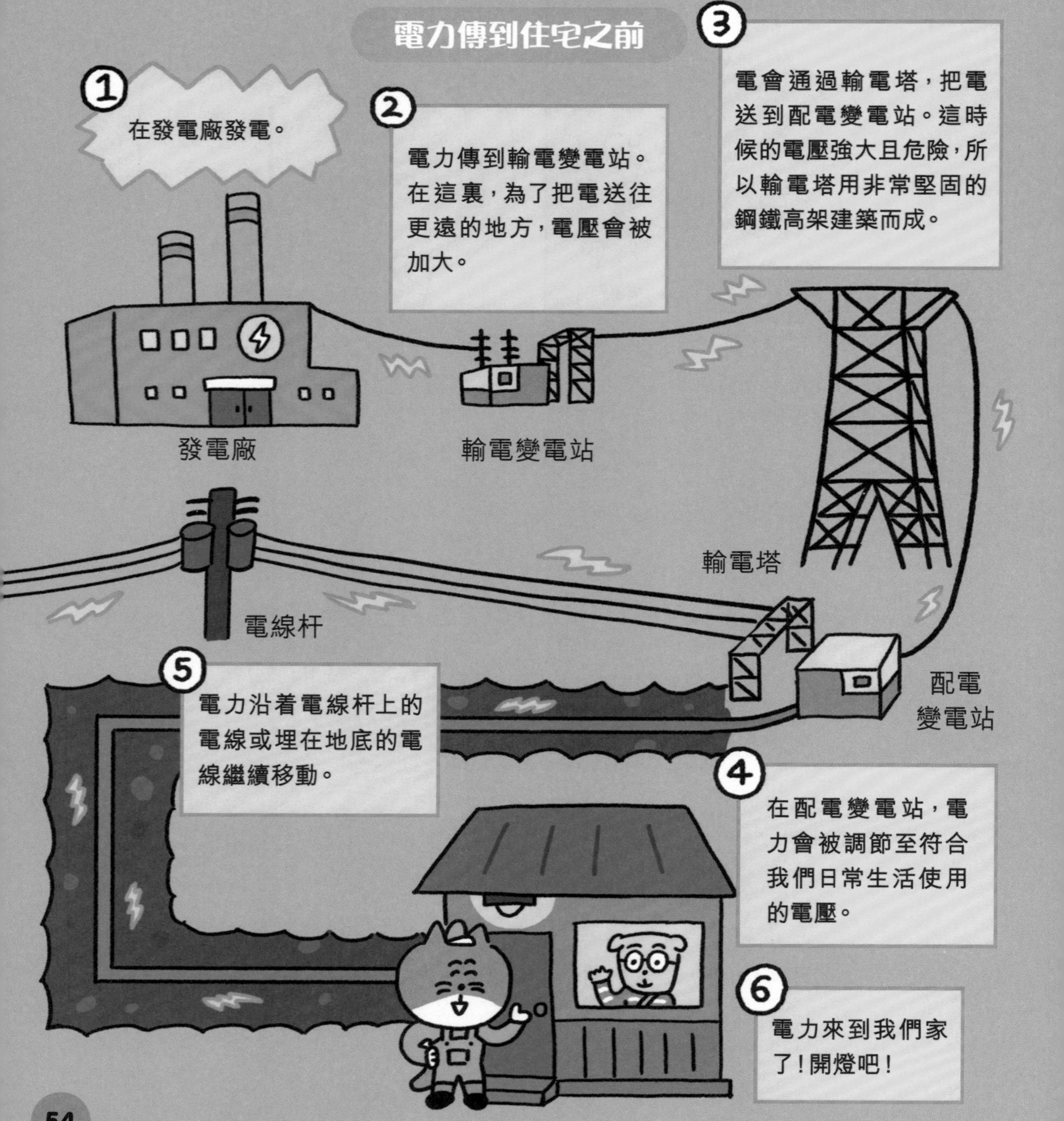

① 在發電廠發電。
② 電力傳到輸電變電站。在這裏，為了把電送往更遠的地方，電壓會被加大。
③ 電會通過輸電塔，把電送到配電變電站。這時候的電壓強大且危險，所以輸電塔用非常堅固的鋼鐵高架建築而成。
發電廠
輸電變電站
輸電塔
電線杆
配電變電站
④ 在配電變電站，電力會被調節至符合我們日常生活使用的電壓。
⑤ 電力沿着電線杆上的電線或埋在地底的電線繼續移動。
⑥ 電力來到我們家了！開燈吧！

電流是指電力沿着電線像河水般流動。把電池、電線、燈泡、開關等連接起來後，電流在它們之間能夠通過，這就稱為「電路」。簡單而言，就是通電的道路。電流為我們提供生活上各種形態的能量，例如使燈泡照明（光能）、使微波爐加熱（熱能）和使馬達轉動（動能）等。

製作電路

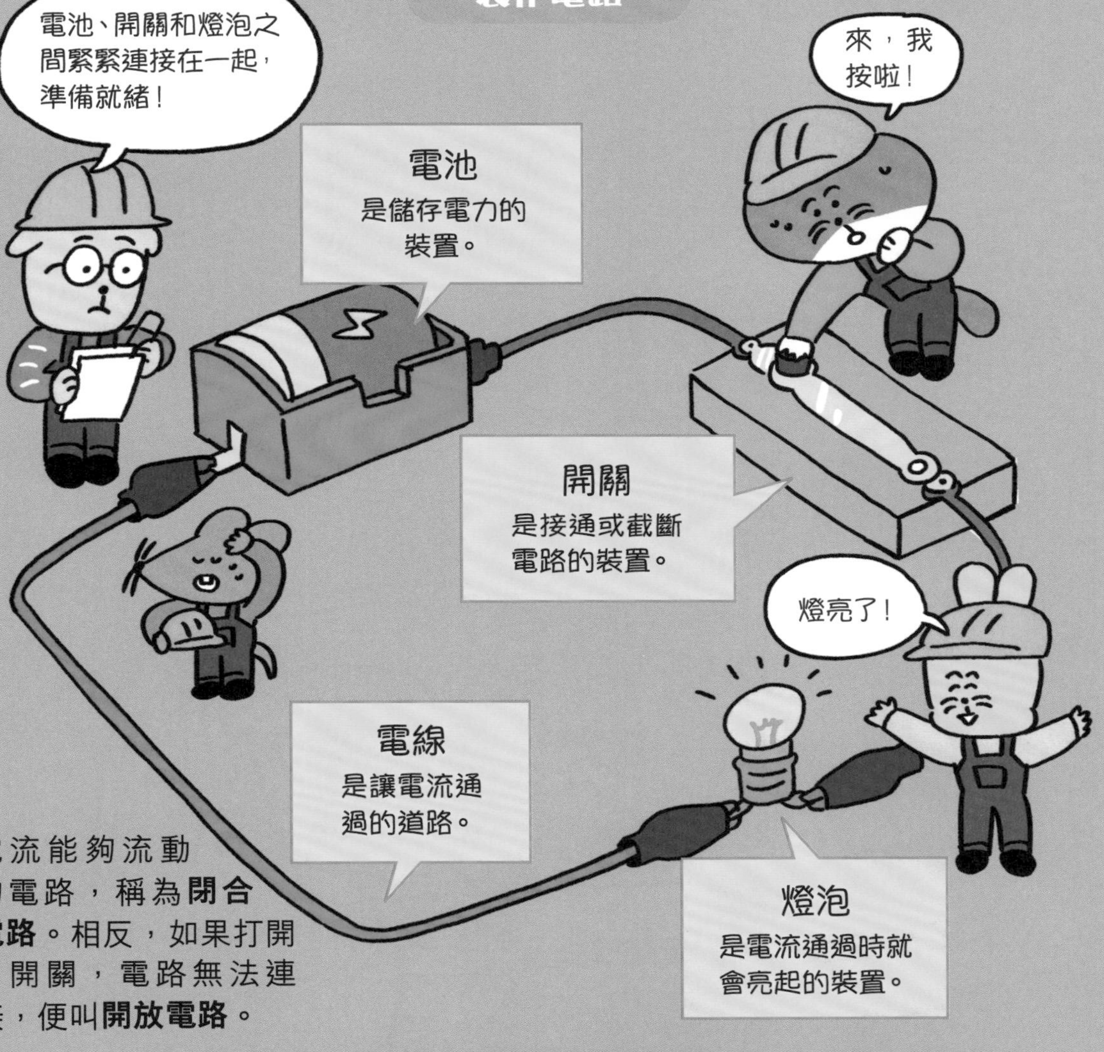

電池、開關和燈泡之間緊緊連接在一起，準備就緒！
來，我按啦！
電池
是儲存電力的裝置。
開關
是接通或截斷電路的裝置。
燈亮了！
電線
是讓電流通過的道路。
燈泡
是電流通過時就會亮起的裝置。

電流能夠流動的電路，稱為**閉合電路**。相反，如果打開了開關，電路無法連接，便叫**開放電路**。

有自動切斷電流的裝置嗎？

電力太強的話會發生火災！為了防止這種情況發生，發明家製造了自動切斷電流的裝置，這就是「漏電斷路器」。炎熱的夏天，長時間開冷氣，有時會突然停電吧？這是因為電流太大，漏電斷路器切斷了整個房子的電力以作保護。

為什麼打雷時留在車內較安全？

如果打雷的時候還在室外，進到車裏去是最安全的。如果汽車上空發生閃電，電流就會沿着車子的表面通過，通過輪胎流入地下，因為車子的表面是由導電的金屬製成的。因此，留在車內的人在閃電中是安全的！

導電體是能讓電流通過的物質，**絕緣體**是不能讓電流通過物質。鐵、銀、銅、鋁等大部分金屬都是導體，而木頭、橡膠和玻璃等物質都是絕緣體。我們用的電子設備大部分都適當地混合了導電體和絕緣體，例如電線是在導電體的銅線上，包圍了塑料或橡膠等絕緣體。因為如果銅線露出表面，觸摸的時候會觸電，十分危險！

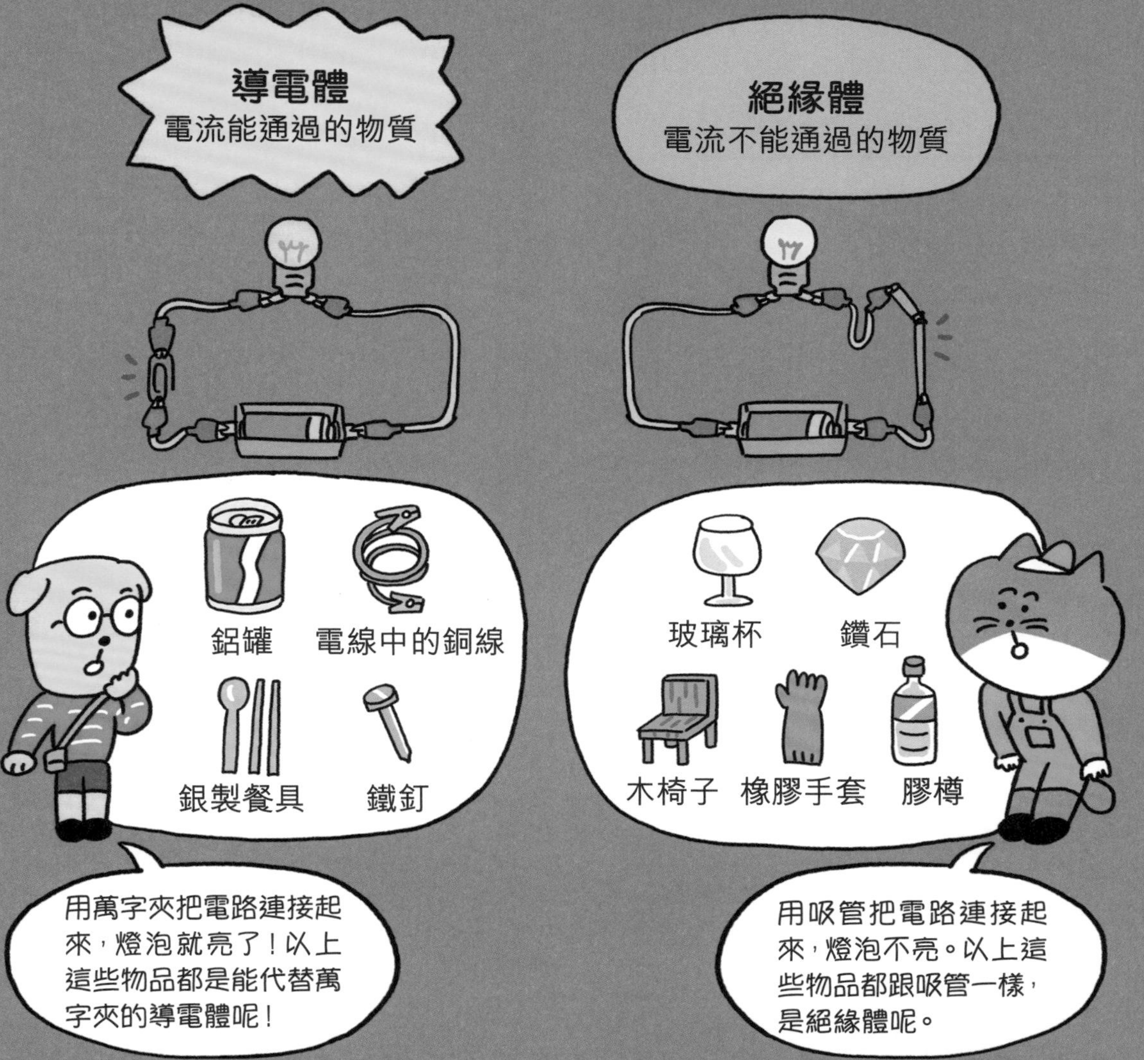

導電體
電流能通過的物質
絕緣體
電流不能通過的物質
鋁罐
電線中的銅線
銀製餐具
鐵釘
玻璃杯
鑽石
木椅子
橡膠手套
膠樽
用萬字夾把電路連接起來，燈泡就亮了！以上這些物品都是能代替萬字夾的導電體呢！
用吸管把電路連接起來，燈泡不亮。以上這些物品都跟吸管一樣，是絕緣體呢。

可導電也可不導電的「半導體」

有些材料平時不導電，但當出現溫度改變等條件變化時，也會變得導電。例如製造電腦或智能手機時，需要運用的半導體。有些半導體在低溫下不導電，但提高溫度就能導電了。

串聯和並聯

遙控器裏只放一顆電池能啟動嗎？

不！那樣不能啓動的。遙控器的電路只用一條電線以串聯方法連在一起，缺掉一個電池就無法通電了。除非它是用多於一條的電線以並聯連接，才可組成閉合電路，來啟動遙控器。但是遙控器的兩顆電池是並排的，這個形狀難道不是並聯嗎？我們為何會有那種錯覺，仔細看電池的放置形式就能知道！

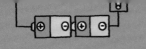

串聯是指電路中的所有電池或燈泡以單一路徑連接在一起。**並聯**是將電池或燈泡並排地以多於一條的路徑連接在一起。

電池串聯連接時，
燈泡會更亮！

電池串聯

電池數量越多，電流就越大。如果從電池盒抽走一顆電池，電流就不能通過電路了。

電池並聯

電流會平均通過兩顆電池，但是比電池串聯的時候，電流需要更長時間通過電路。即使取出一顆電池，電流亦能通過一條電路。

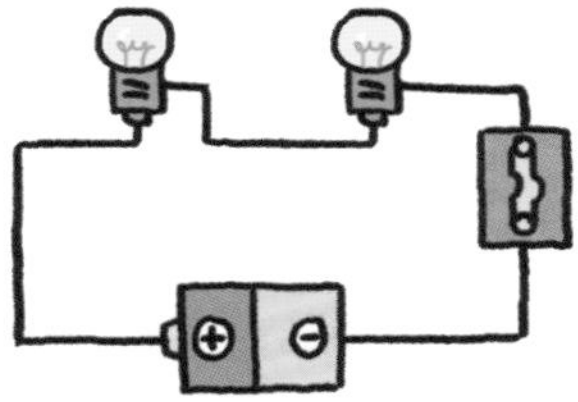

燈泡串聯

燈泡的亮度會比並聯的燈泡較暗。當一個燈泡熄滅，剩下的燈泡也會隨之熄滅。

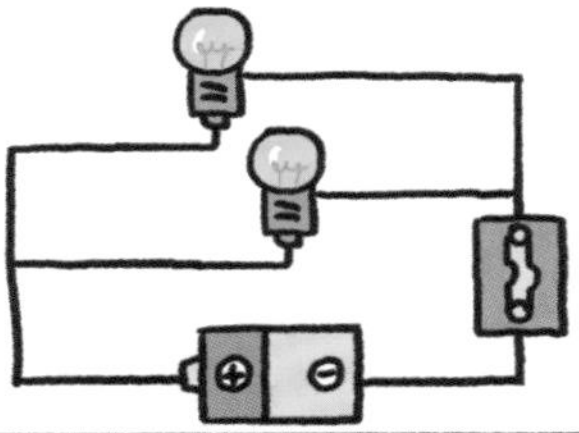

燈泡並聯

燈泡的亮度比串聯的燈泡較亮。即使一個燈泡熄滅，剩下的燈泡也不會熄滅。

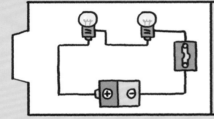

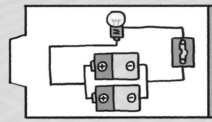

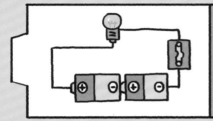

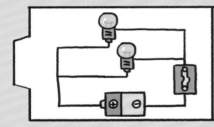

燈泡並聯的時候
會更亮！

為什麼電鰻不會自己觸電呢？

電鰻遇上天敵時便會發出強力電力，可是電鰻不會自己觸電呢！原因在於牠們身體的並聯結構，在電鰻體內由於電路有多個分支，電流較弱，所以對電鰻的身體不會有嚴重影響。

飛天滑板是真的存在嗎？

在科幻電影裏，曾出現一塊能在空中浮起來的未來滑板！它就是「懸浮平衡板」，是科學家利用超導體製造的。超導體是排斥電磁鐵磁場的物質，只要在地板上鋪上產生強力磁場的電磁鐵軌道，平衡滑板就會跟軌道排斥，亦即懸浮起來。目前我們會把這種物質應用到磁浮列車上，相信日後這種物質的使用會日漸普遍。

電磁鐵是電流通過時會產生磁場的磁鐵，它是由環繞鐵芯的漆包線構成的。

電磁鐵的特性

	磁鐵	電磁鐵
	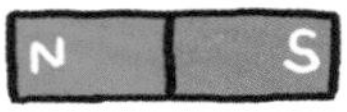	
共同點	一樣能吸引鐵製物體，具有北極和南極。	
不同之處	能隨時吸引鐵製的物體。	只有電流通過的時候才具有磁鐵的性質。
	強度是固定的。	根據電流的強度，強度也不同。
	不能換磁極。	如果電流方向改變，就可以改變磁極。

垃圾場裏有巨大的電磁鐵嗎？

垃圾場收集了紙張、布料、木材及各種金屬等各種垃圾，為了回收再用，人們會把垃圾分類。這時，人們便會利用電磁鐵把鐵製的東西從垃圾堆中抽出。電磁鐵有電流通過時便能吸引鐵器，把廢鐵收集起來。

能源轉換

自行車可以發電嗎？

可以！只要你努力踩動自行車的踏板，輪子接駁發電器它就能發電了。這是將動能轉化為電能的過程，隨着踏板轉動，輪子也會跟着轉動，而連接住輪子的發電機也會一起轉動，繼而產生電能。

我們走路也能發電嗎？

英國一家企業發明了特殊的發電系統，他們在人來人往的路上設置了按鈕式的墊子，當人們在墊子上走路，墊子可以把腳踏時受到的壓力轉換成電能。資料指出，每踩一次就能生產燈泡使用約30秒的電能，這就是把動能轉化為電能的實用發明！

能源轉換是指能量形態的改變。我們利用能量轉化，可以獲得日常生活所需形式的能量，例如太陽能板會把太陽的光能轉化成電能、升降機把電能轉化成動能，把我們送到不同樓層等。

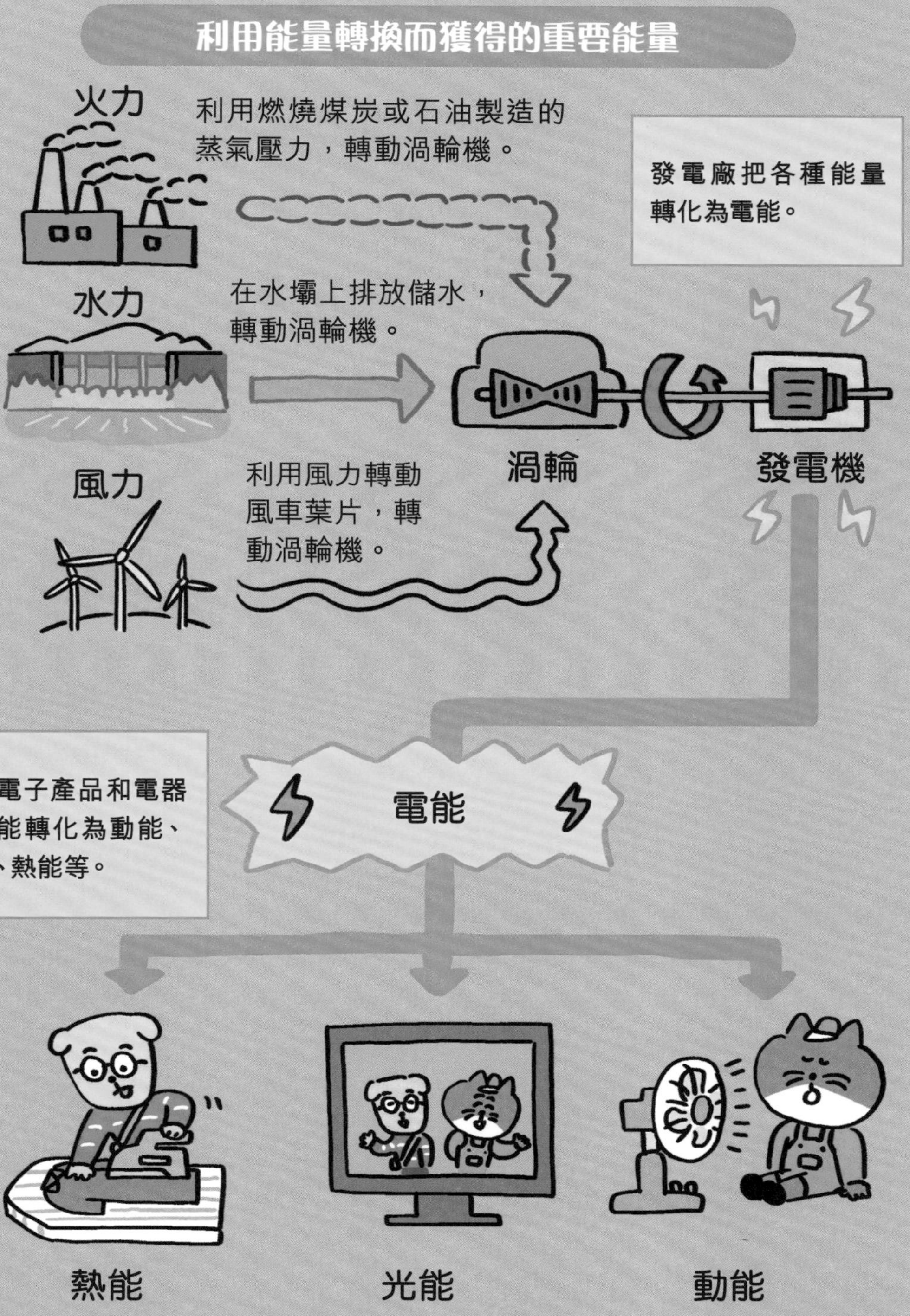

利用能量轉換而獲得的重要能量
火力
利用燃燒煤炭或石油製造的蒸氣壓力，轉動渦輪機。
發電廠把各種能量轉化為電能。
水力
在水壩上排放儲水，轉動渦輪機。
渦輪
發電機
風力
利用風力轉動風車葉片，轉動渦輪機。
各種電子產品和電器把電能轉化為動能、光能、熱能等。
電能
熱能
光能
動能

第2章

地球

地球裏面有各種地形及天氣變化，地球以外也有太陽、行星和星星為伴。我們就來好好認識地球的一切吧！

為什麼我們能在地球上生活呢？

因為地球上有空氣和水，這些都是生物維持生命的必要元素。另外，地球離太陽位置適中、不近不遠，使溫度不冷不熱，保持適合生活的溫度。

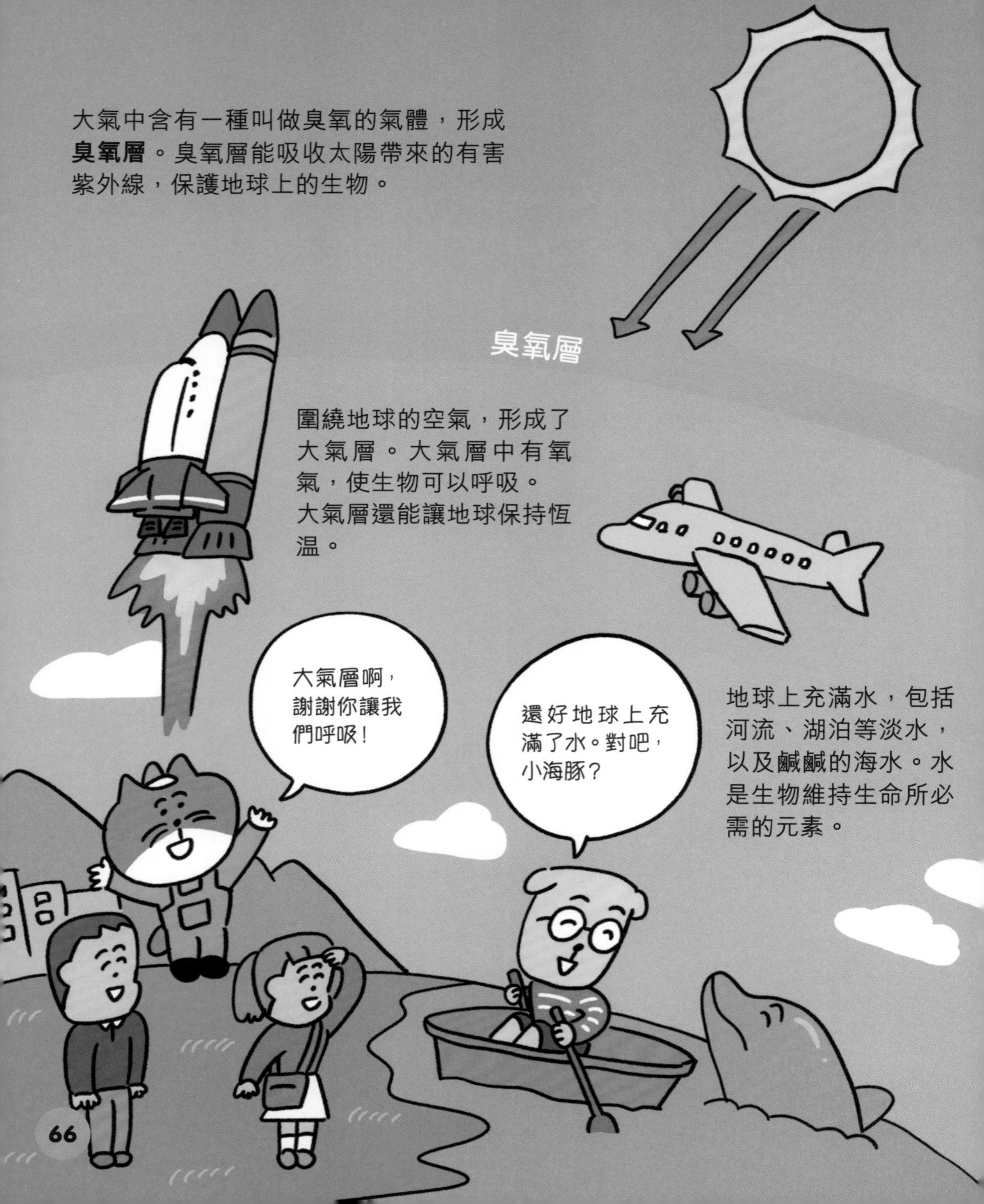

大氣中含有一種叫做臭氧的氣體，形成**臭氧層**。臭氧層能吸收太陽帶來的有害紫外線，保護地球上的生物。
臭氧層
圍繞地球的空氣，形成了大氣層。大氣層中有氧氣，使生物可以呼吸。
大氣層還能讓地球保持恒溫。
大氣層啊，謝謝你讓我們呼吸！
還好地球上充滿了水。對吧，小海豚？
地球上充滿水，包括河流、湖泊等淡水，以及鹹鹹的海水。水是生物維持生命所必需的元素。

地球是我們生活的星球。它像球一樣圓鼓鼓的，半徑約6,400公里。在環繞太陽的八大行星中，它是第三顆最接近太陽的行星。地球被大氣層包圍着，表面有山脈、田野、河流、湖泊、海洋等生態環境。

地球表面70%是海洋，餘下的都是陸地。地球看起來是藍色的，因為大部分是海水的顏色。
地球最深處是太平洋上的馬里亞納海溝，深度約為11,034米。
地球上最高的地方是珠穆朗瑪峯，高約8,848米。
喔，藍色部分真的好多啊！

很久以前的地球是一片火海嗎？

地球大約在46億年前誕生。當時，地球上還是一片熾熱的熔岩（熔化的岩石）。因為最初沒有大氣層的保護，所以經常被宇宙落下來的隕石和小行星衝擊。隨着時間的推移，地球上出現了大氣層。當空氣中的水蒸氣以雨的形式落下，使熱土逐漸冷卻和凝固，形成陸地，凹進去的地方則形成大海。

為什麼花園裏的土壤不像泥土那麼黏手呢？

花園裏的土壤與泥土相比，顆粒較大，因此顆粒之間無法儲存水分，而且排水系統較好，土壤不易結成塊狀。泥土的顆粒較小，可以充分吸收水分，便很容易結塊。

花園土壤和泥土相比，植物種在哪個地方會長得更好？

植物種在花園裏的土壤會長得更好吧！土壤中還含有腐爛的動植物的養分！
植物種在泥土裏應該長得更好吧？水分不是更多嗎？
把泥土放進花盆裏……
泥土

一個月後……

看！花園裏的植物長得更好呢！
花園裏的植物在排水良好的土壤中生長得較好。但是也有植物能在積滿水的泥土裏生長得很好，例如蓮花。

土壤是構成陸地的物質，由岩石、石頭和死去並腐爛的動植物等經過長時間的侵蝕和分解後形成。就像在方糖或餅乾上用力壓成粉末一樣，巨石漸漸變成土壤的過程，稱為「風化作用」，這個過程需要幾萬年到幾百萬年。

岩石和石頭是怎麼被侵蝕和分解的？

白天和夜晚的溫差使岩石或石頭不斷膨脹和收縮，這種情況不斷重複，它們便開始裂開。

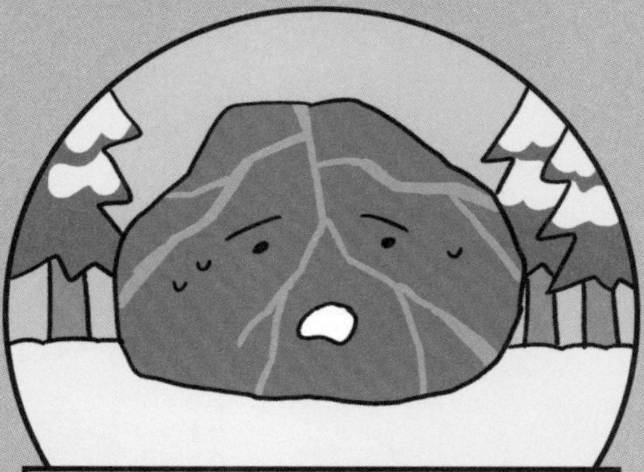

岩石裂縫中的水結成冰時，裂縫會慢慢變寬。隨着冰塊的融化，岩石也會隨之破碎。

岩石和石頭有時受到雨打和風吹而被擊碎。

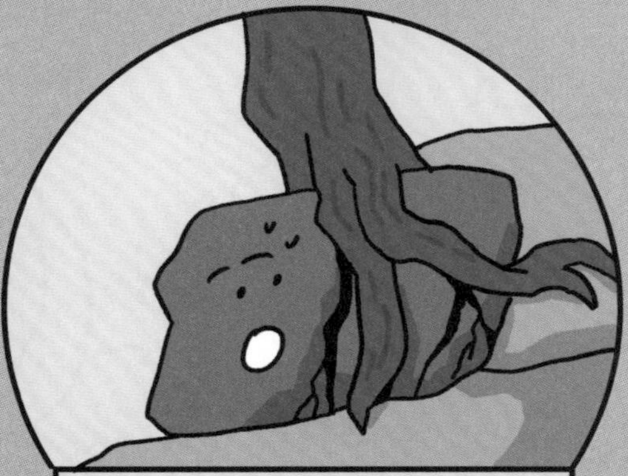

植物根部也會鑽進岩石縫裏，使岩石碎裂。

泥土裏有數億萬隻生物？

泥土裏生活着數不清的生物，有的體型較大，例如像老鼠和鼴鼠；也有些體型很小，例如像蟬的幼蟲或蚯蚓；而肉眼看不見的微生物更有數億萬隻。微生物生活在土壤中，把死去的動植物分解，使土地變得肥沃。

侵蝕作用

為什麼沿岸的沙灘會逐漸消失？

海浪對沿岸沙灘的侵蝕越來越嚴重，沿着海岸線的美麗沙灘將會逐漸消失！為什麼會這樣呢？很多專家主要舉出兩個理由：其一，因為人們在海中建造了防波堤或海岸道路等建築，改變了海水的流向；其二，地球温度暖化，導致海平面上升，淹蓋了沿岸的地區。

侵蝕作用是指岩石、石頭、泥土等，長時間受到自然力量而表面被削掉的現象。你見過雨天後泥地上布滿一個個小洞吧？同一道理，雨水、河水、地下水、海水、冰川、風等自然力量，會削去岩石、石頭、泥土等的表面，從而改變了地貌。

侵蝕作用塑造的地貌

原來，山谷是隨着水流挖開而成形的，水的力量真強大啊！

河流

河流的上游一般處於山頂，坡度陡峭，使河水快速向下流淌並將河牀削去，形成又窄又深的山谷。

原來水能鑽出洞來？難怪我們會說「滴水穿石」啊！

海洋

在海邊，海浪會給沿岸的岩石產生侵蝕作用，把岩石脆弱的部分挖成洞窟或削成陡峭的懸崖。

沙塵暴能形成綠洲嗎？

綠洲是沙漠中供應水源的地方，因為沙塵暴刮着地面，地面上的沙子凹陷，地下水便暴露出來，這便是由風引起的侵蝕作用！在綠洲，人們可以獲得水源來種植，並組成村莊生活。

沉積作用

泥灘是怎樣形成的？

泥灘是海水漲潮時被淹沒、退潮時露出的土地，多數出現在海浪較弱的海岸，並由幼細的淤泥和黏土自然沉積形成。泥灘受潮汐漲退影響，有時外露在空氣中受陽光暴曬，有時則被海水淹埋，因此居住此處的生物需要適應這種極端的生存環境，並因而演化出不同的特徵。

我的雙腳深深地陷進去了，救命啊！
海裏的泥土和河裏流下來的沙石都聚集在一起了。

瓦登海泥灘

沉積作用是水、風、冰川所帶來的岩石或泥土堆積在一起的現象。岩石或泥土經侵蝕作用後化成碎屑，當它們隨着河流到達坡度平緩的土地時，就會慢慢堆積起來。

沉積作用塑造的地貌

泥土是怎麼被堆成三角形的？好神奇啊！

河流

河的下游比上游寬，水流慢，更容易堆積石頭和泥土，圖中的三角洲便是因沉積作用而形成的。

要不是海水捲起沙土，就沒有這麼美麗的海灘了。

海洋

海浪把沙子和細土捲到岸邊，像沙子般大小的顆粒會堆積一起，而像細土般的更小的顆粒會繼續懸浮在水中，隨着水一起流動。

香港也有泥灘嗎？

下白泥位於香港新界西北部，相連后海灣一帶的海岸線，擁有大片濕地。濕地是陸地與水交界之處，包括紅樹林、泥炭地、沼澤、河川及湖泊、泥灘及三角洲等，可以防止乾旱和洪水，對海岸有保護作用。退潮時，我們可以在泥灘和紅樹林找到馬蹄蟹、彈塗魚等生物，自然生態極為豐富。

珠穆朗瑪峯怎麼會越來越高？

是真的，山也能像孩子一樣會長高！世界上最高的珠穆朗瑪峯高達約8,848米，並且每年都在上升約1厘米，這是被珠穆朗瑪峯地層的力量推上去的。這種現象稱為「褶曲」，由褶曲形成的山脈被稱為「褶曲山脈」。珠穆朗瑪峯所在的喜馬拉雅山脈就是褶曲山脈了。

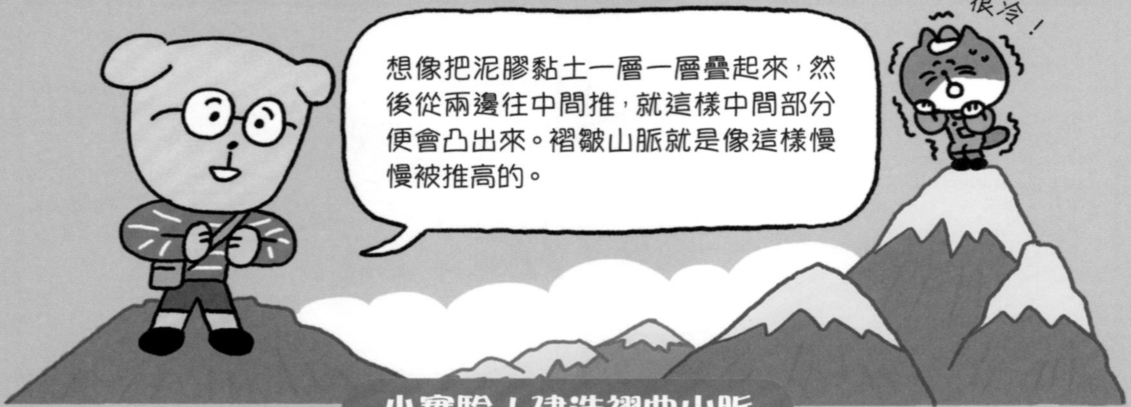

想像把泥膠黏土一層一層疊起來，然後從兩邊往中間推，就這樣中間部分便會凸出來。褶皺山脈就是像這樣慢慢被推高的。
很冷！

小實驗！建造褶曲山脈

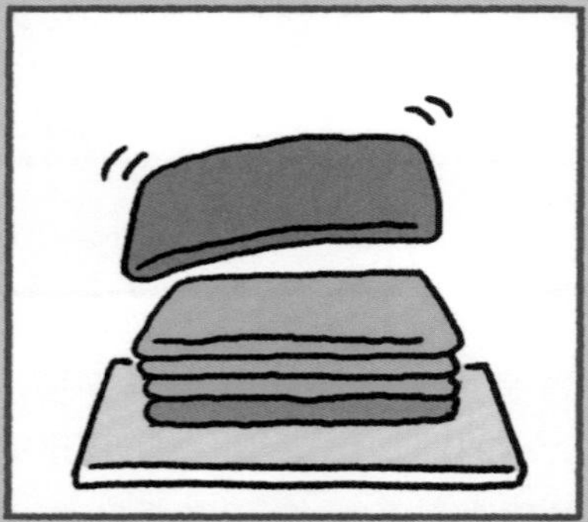

1. 把泥膠黏土一層一層地疊起來。

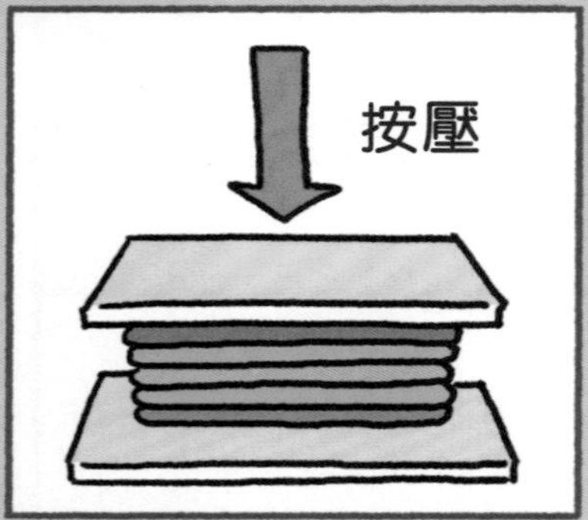

2. 在最上層的黏土用力按壓，使它更堅固。

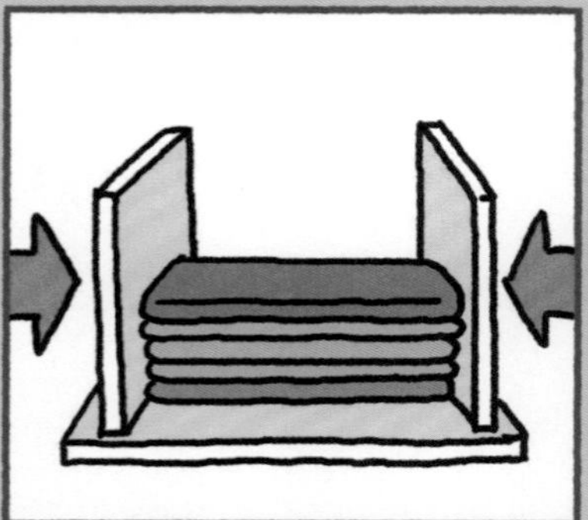

3. 從兩邊用力向中間推。

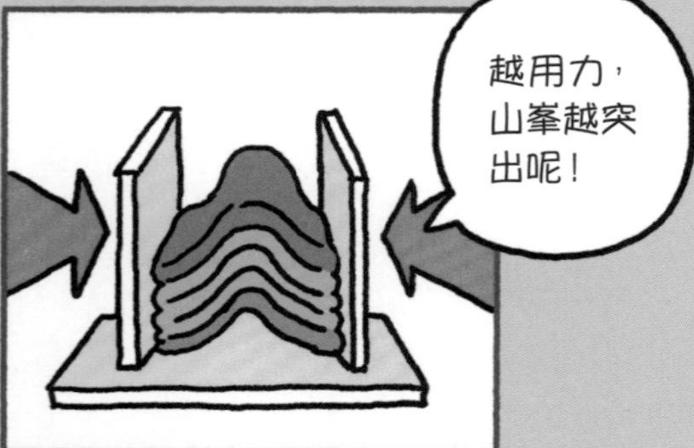

越用力，山峯越突出呢！

4. 泥膠黏土的中間會向上凸起！這就是產生褶皺山脈的原理。

地層的各種形狀

這是井然有序的地層。
這是剛才實驗過的彎曲地層！
當地層受到太大的力量擠壓時，便會斷裂。
水平地層
彎曲地層（褶曲）
破裂地層（斷層）

地層是各種泥土經過多年堆積而形成的，就像彩虹蛋糕一樣，有不同層次的花紋。因為根據土壤的種類和質量，每層的顏色和花紋都略有不同。土層越老便處於越低的位置，土層越新就越接近地面。

看地層就能知道過去！

在歲月之中，地層會慢慢發展並形成，只要我們分析每一層，就可以了解過去那裏的環境發生了什麼事情，例如過去從太空飛來的小行星曾撞擊過的地方，該地層中便會殘留着在地球上不易發現的成分。

煤炭是死去的植物嗎？

煤炭是由數億年前生活在沼澤地帶的植物變成的。當植物被埋在地底，堆積在它上面的堆積物會把它壓垮了。植物死亡後，本來會慢慢腐爛消失，可是如果它們被埋在不會接觸到空氣的地層，就不會完全腐爛。在高温和壓力下，它們的水和空氣流失，就只剩下炭並變成煤。

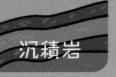

沉積岩是隨着堆積物的長期積累而變得堅硬的岩石。堆積物是指破碎的岩石顆粒或死去的生物，通過水或風的力量堆積而成的。沉積岩有不同種類，例如碎石堆積的「礫岩」、沙土堆積的「砂岩」、淤泥堆積的「泥岩」或「頁岩」等。而生活在海中的珊瑚、魚、貝殼等的骨頭或外殼，破碎後的石灰質堆積起來，就會變成「石灰岩」。

沉積岩是怎樣形成的？

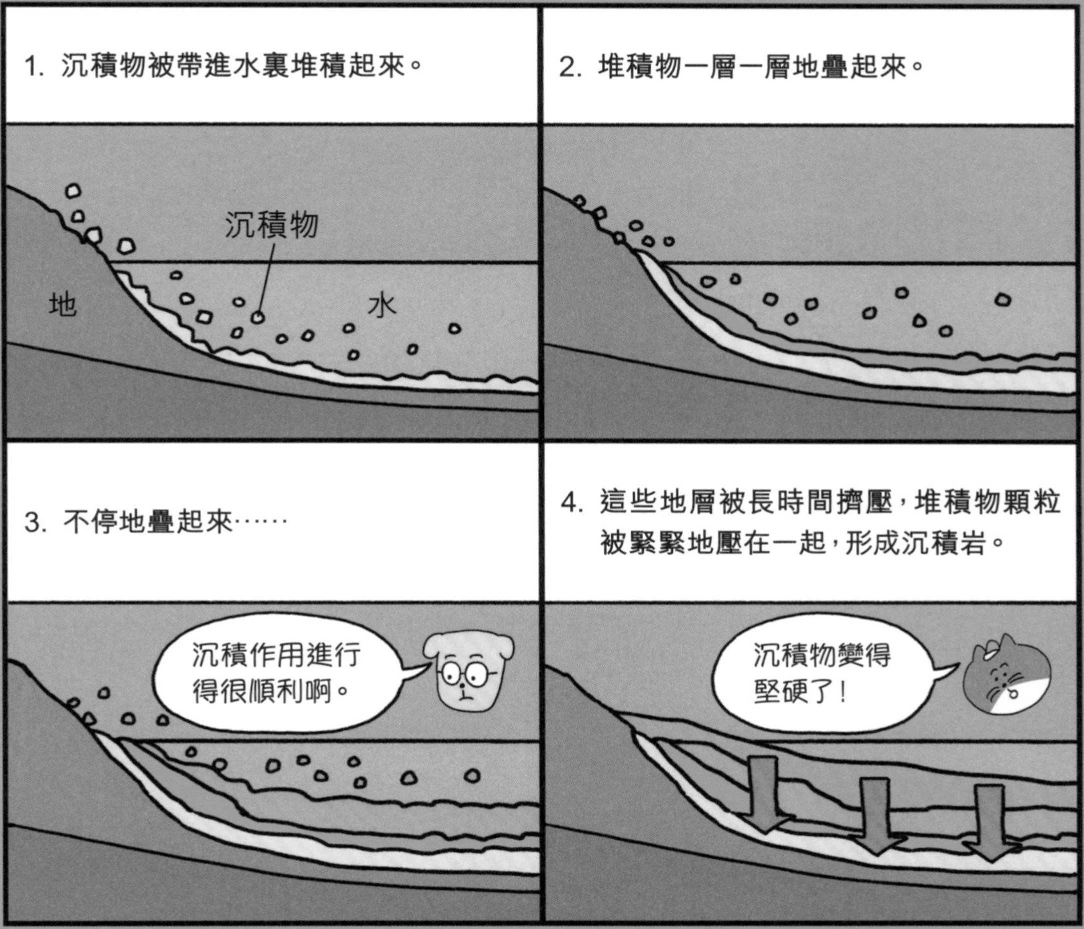

火山爆發時也會產生沉積岩嗎？

火山裏不僅流淌着岩漿，還會噴出火山灰、火山塵和火山彈。火山灰和火山塵分別是大小不同的熔岩碎屑，而火山彈是熔岩凝固後的塊狀物。當火山灰在空氣中擴散後，會掉落在地上堆積起來，便形成其中一種沉積岩——凝灰岩。

為什麼山頂上會出現貝殼的化石？

如果以前淹沒在海裏的土地推高，並形式高山，山頂就可能出現貝殼化石。現時世界最高的喜馬拉雅山脈，從前就應該曾被海淹沒，因為人們在這裏發現很久以前的海洋生物「菊石」的化石。相反，當在水裏發現樹葉的化石時，那就表示這裏過去應該是陸地！

菊石化石
這是很久以前生活在海底的生物，稱為菊石。
咦，那它怎麼會出現在山頂上？這裏以前是海底嗎？
嗯，是的！其實，在珠穆朗瑪峯上還發現了貝殼、魚等多種海洋生物的化石呢！

化石是含有從前動物或植物生活痕跡的石頭，通常在沉積岩中可以找到。我們也是透過化石，才知道恐龍過去曾經統治地球。動植物要變成化石，其遺骸要保留較多堅硬的部分，所以動物死後，遺骸必須盡快埋在泥土裏。當遺骸埋藏的地方發生地震或火山活動越少，它就越有可能成為化石。

化石是怎樣形成呢？

1. 動物死去。

2. 遺骸被推進湖或海裏去。

3. 堆積物不斷在上面堆積，形成地層，隨着時間推移，化石會藉着地層移動並慢慢地向上升，向地表靠近。

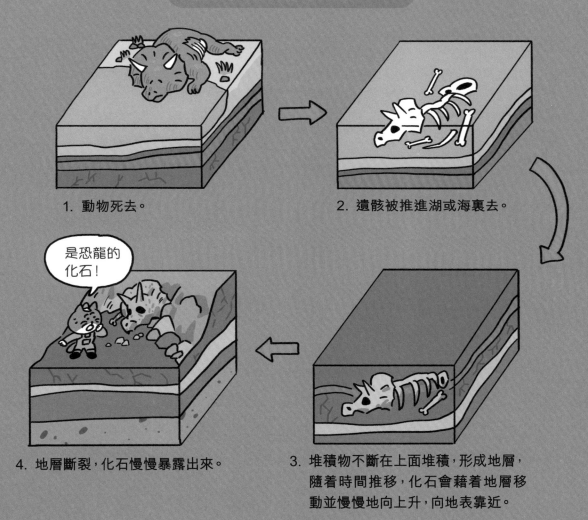

4. 地層斷裂，化石慢慢暴露出來。

化石能讓恐龍復活嗎？

電影《侏羅紀公園》中，科學家從被困在化石中的蚊子身上抽取恐龍血，並將恐龍復活起來。真的有這個可能嗎？很遺憾，通過化石重新復活恐龍是不可能的，因為化石像石頭一樣堅硬，細小的蚊子屍體不可能還存在其中呢。

如果火山爆發的話會怎樣？

不僅是火山的附近，連鄰近的地區亦會受到波及！當火山爆發時，會噴出大量溫度高達 900至1200°C 的熔岩，容易引起大火；地震和海嘯等自然災害還會隨之而來，危害附近的環境。此外，火山還會噴發出的細小岩石粉末和玻璃顆粒，形成火山灰，大量火山灰會隨風而飄，影響鄰近的地區。

如果火山爆發了，附近地區會全部被熔岩和火山灰覆蓋，變成一片廢墟。如果火山灰噴到足以遮擋陽光的程度，飛機便無法通行，吸入火山灰的人亦容易患上呼吸道疾病。

火山爆發後，會帶來可怕的災害，我們該怎麼辦？不用擔心，很多科學家都在積極研究、預測火山什麼時候會爆發！

火山是由地下岩漿通過地殼間的縫隙中噴出而形成的山，火山爆發後，液體、氣體和固體的火山噴發物都會從火山口噴出來。專家估計在一億四千萬年前，香港的西貢糧船灣一帶也曾發火山爆發，那時的火山口直徑更有約20公里寬！

火山噴發物會有什麼呢？

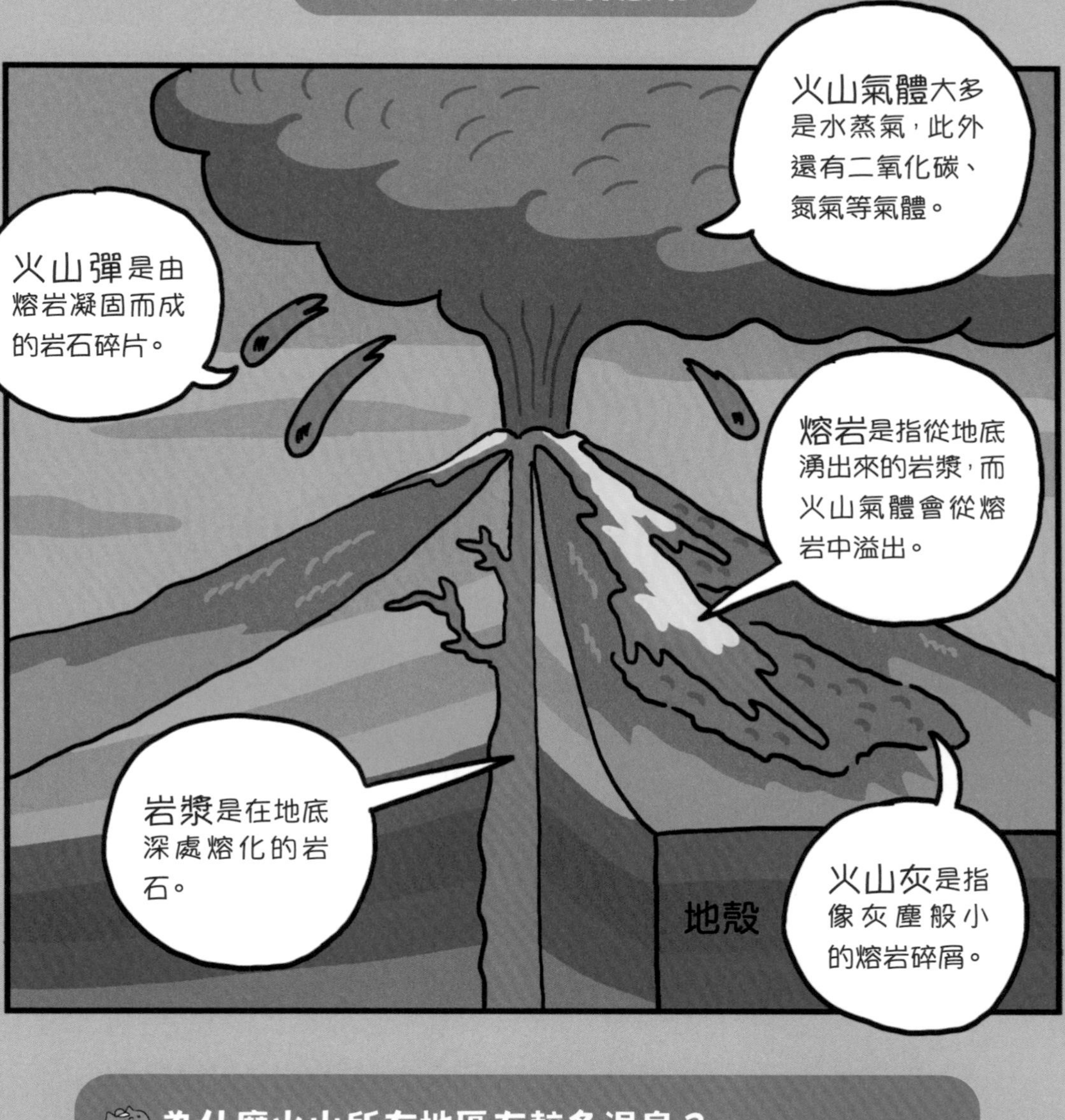

火山氣體大多是水蒸氣，此外還有二氧化碳、氮氣等氣體。
火山彈是由熔岩凝固而成的岩石碎片。
熔岩是指從地底湧出來的岩漿，而火山氣體會從熔岩中溢出。
岩漿是在地底深處熔化的岩石。
地殼
火山灰是指像灰塵般小的熔岩碎屑。

為什麼火山所在地區有較多溫泉？

溫泉是被地底熱力加熱了的地下水，而火山一帶的岩漿的溫度較高，所以溫泉很多。溫泉水含有鈣、鈉等對健康有幫助的礦物質，所以溫泉區是很受歡迎旅遊勝地。

為什麼濟州島的石頭長得像海綿？

雖然韓國濟州島的石頭不像海綿那樣軟綿綿，但表面上確實有很多洞！這些黑色的石頭是玄武岩，它們是由火山噴出的熔岩凝固後而形成的，那時熔岩中的氣體會迅速找空間向外溢出，就會形成很多個洞。玄武岩形狀漂亮，而且很結實，所以自古以來，人們會用玄武岩來建造濟州島的「石頭爺爺」或石牆。

火成岩是由岩漿或熔岩凝固後形成的岩石。它是由火山活動而形成的岩石，根據岩漿或熔岩凝固的地點和速度，火成岩的特性也會不同。

火成岩的種類

區分	花崗岩	玄武岩
外觀		
形成過程	地底的岩漿慢慢凝固而成。	熔岩從地底湧出，隨着溫度下降而迅速冷卻並凝固。
顏色	明亮	暗沉
觸感	表面雖然粗糙，但也有光滑的部分。 	整體十分粗糙。 
顆粒大小	花崗岩的顆粒很大。	玄武岩的顆粒很小。
特徵	底色較淺，表面上雖然有黑色顆粒，仍然很有光澤。 	表面上很粗糙，有些有很多大大小小的洞，也有些沒有洞的。 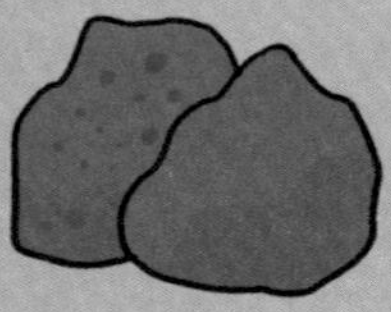

為什麼柱狀節理會呈六角柱的形狀？

柱狀節理是熔岩突破地表後，迅速冷卻後凝固而成的玄武岩。熔岩冷卻後會逐漸萎縮，呈Y字形裂開，分裂成六角柱形狀。Y字連接起來便形成像六角柱的形狀。其實仔細地看，柱狀節理不僅有六角柱形狀，還有四角柱、五角柱形狀的。

地震無法預測的嗎？

雖然我們能測量地底深處發生的變化，但以現時的科學技術還是很難準確地預測地震。專家花了很長時間努力研究，但目前為止都失敗告終。地震警報是偵測到破壞性的地震後才會向受影響者發布的，所以地震會在警報響起後幾秒便襲來，人們只得好好學習快速應對地震的方法。

地震預警系統

原理： 地震時會出現P波和S波。P波會以水平般直線傳遞，而S波則上下震動較大，會造成嚴重破壞。P波比S波移動速度更快，所以地震預警只要先偵測到破壞較小、速度較快的P波，就能提前向人們發出破壞較大、稍後襲來的S波，讓人防患未然。

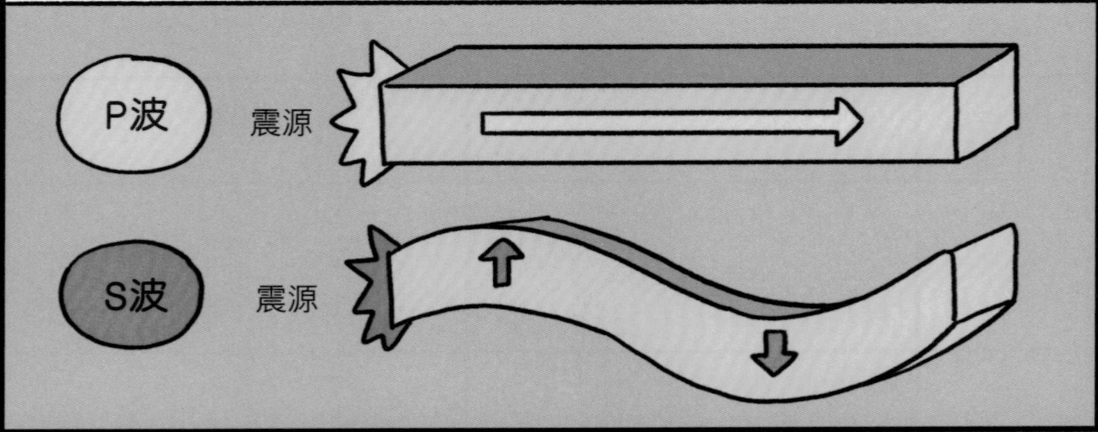

1. 中國每隔50公里安裝一個地震預警站，如果偵測到P波，控制中心就會立即發出地震預警。

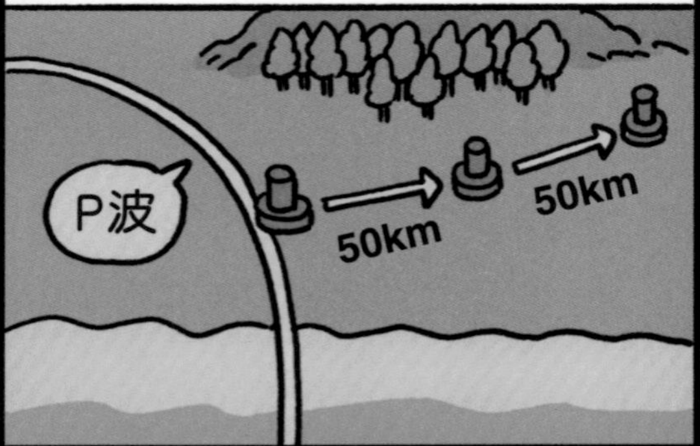

2. 人們通過手機、電視或公共廣播接收地震預警的信息，能快速應對緊隨其後的S波。

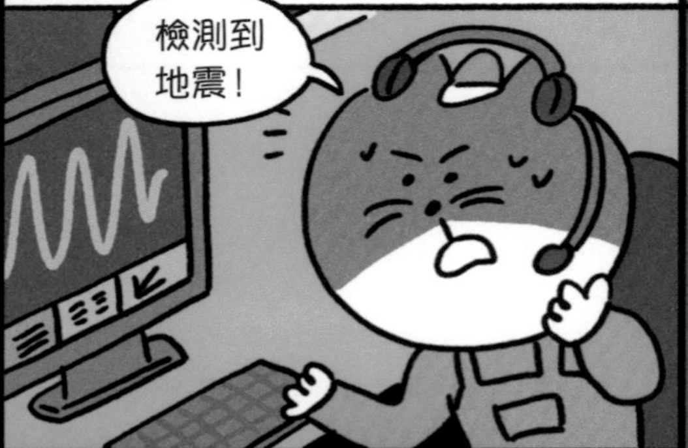

地震是地層受到地球內部的力量，出現晃動或斷裂的現象。當出現火山爆發、隕石墜落或山崩時，便有機會發生地震。

啊，我要冷靜點！等晃動停止就馬上去躲避吧，等一下……
震央
指震源正上方的地表，地震發生時這裏的晃動最大。
震動會以震央為中心向外擴散。
震源
這是一開始發生地震的地方。

史無前例的大地震在什麼時候發生？

地震觀測史上，最強烈的大地震是1960年發生的智利地震。據說，當時海邊有高達25米的海嘯襲來，是為9.5級的大地震。「震級」是用來表示地震強度的，數字越大，表示地震越是強烈。而中國在21世紀傷亡最嚴重的一次地震，就是2008年在汶川發生的8級大地震。

雨水真的能以人工製造嗎？

科學家們正在進行製造「人工降雨」的實驗，以清洗天上嚴重的微塵！人工造雨並不是從某個地方取水然後灑下，而是利用雲。雲中不是含着水蒸氣嗎？它是水的氣態，科學家絞盡腦汁嘗試找出令雲層下雨的方法。

人工降雨怎樣做？

1. 利用飛機或火箭等工具，在雲層裏撒下雲籽。雲籽是乾冰和碘化銀等化學物質。

2. 小水點會依附在雲籽上，然後會越來越大，越來越重。

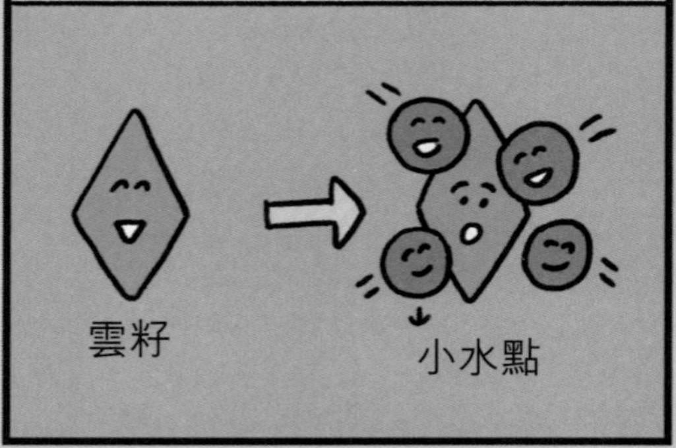

3. 沉重的水點最終會變成雨，然後落下。

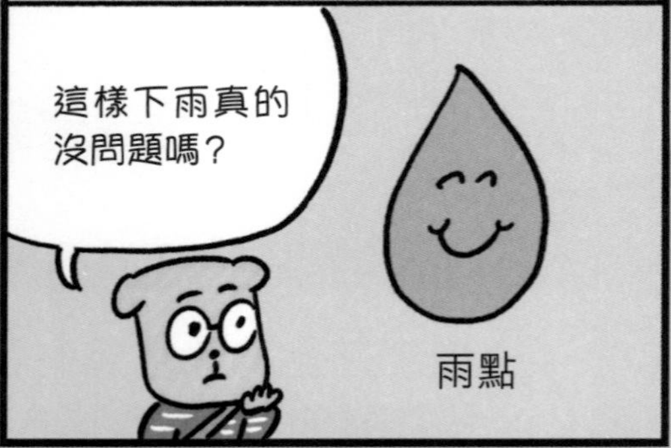

這種技術對我們來説，不一定是最好的。如果把尚未成熟的雲層結集，使一區域下雨，其他地區可能會遭受乾旱。而且，噴灑到雲中的化學物質可能會污染地球。

水的循環是指自然界中水的循環過程。過程中，水會不停地轉換形態，但總水量是不變的。

水循環的過程
從陸地和海洋蒸發的水蒸氣會凝結成雲。
雲又會把水變成雨和雪，降回大地和海上。
水能變成氣態，成為水蒸氣啊！
水能變成固態，成為雪和冰啊！
陸地上的江河會匯聚水流並流向大海。

地球的水中，我們能用的只有……

我們能用的只有0.0075%！地球上的水中，有97%是海水，當中含有鹽分，我們不能飲用。此外，海水以外大部分的水，都是以冰的形態凍結着，或是儲存在地底的地下水，所以我們很難利用和飲用。

為什麼天氣預報有時會出錯？

因為天氣是溫度、濕度、氣壓、風勢等多種要素錯綜複雜地交織在一起的情況。即使這些要素出現很小的變動，天氣也可能會出現巨大變化。香港因為三面環海，所以天氣很大程度受到海洋的影響。最近，隨着北極氣溫上升等全球氣候變化，天氣也受到了相應的影響。所以，天氣預報更難100%預測準確。

天氣是指天空中大氣的情況，例如呈現出晴天或雨天等狀態。天氣與我們日常生活息息相關，就像我們晴天時方便外出，寒冷會穿多點衣服般。我們可以通過氣溫、雲量、風勢和降水量等來判斷天氣。

天氣的主要要素

氣溫

指空氣的溫度，藉此我們能判斷冷暖的程度。

雲量

多雲時便是陰天，少雲時便是晴天。

風勢

指空氣流動的速度和方向。空氣流動得越快，我們越能感覺風的強度。

降水量

雨、雪、冰雹、露水、霜或霧等不同形態的水降落在地面上的總和。

傳遞氣象信息的人造衛星

氣象衛星可按其運行軌跡分為兩類，分別是「地球同步氣象衛星」及「極地軌道氣象衛星」。香港天文台會直接接收中國氣象局、日本氣象廳等衛星廣播，以24小時支援天氣預測和警報服務。

為什麼除濕劑那麼能吸水呢？

春季放在衣櫃或鞋櫃裏的除濕劑，剛開始時裏面只放了顆粒，但是一段時間之後水就被水注滿了吧？這是因為裏面含有會吸水的特殊化學物質，那就是「氯化鈣」！氯化鈣能吸收氣態的水蒸氣，全靠它，衣櫃裏的衣服才能除濕防潮。除了氯化鈣，像這樣吸水的物質還有很多種呢。

衣櫃裏，除濕劑中的氯化鈣會吸收相當於自己重量的水分。
嗯，紫菜好脆啊！是因為這裏放了一包透明顆粒嗎？
零食紫菜裏的透明顆粒，就是矽膠乾燥劑。這種物質能夠吸濕，令紫菜不會因水分而變軟。
潮濕的報紙變得皺巴巴的！
還有些容易除濕防潮的天然物質呢，例如木炭和報紙！

濕度是指空氣中存在水蒸氣的量。水蒸氣量多，便稱為「濕度高」；水蒸氣量少，便稱為「濕度低」。就像用溫度計測量溫度一樣，濕度計可以測量濕度。濕度一般以百分比(%)表示，如果數字大，空氣中的水蒸氣量就較多。通常適合日常生活的濕度為30%至60%。

濕度高的時候

哎喲，雨季太潮濕了，早上晾的衣服還沒乾。
噢，原來濕度高達80%。要使用抽濕機才行。
ON
溫度
濕度
衣服變得乾爽了！

濕度低的時候

太乾燥了，皮膚好像要裂開似的！
濕度只有25%，那我先把濕衣服晾起來吧。
溫度
濕度
我要用護膚品好好保濕呢！

什麼是「相對濕度」？

相對濕度即是指在相同溫度下空氣中水的含量，0%是指空氣完全不含水，100%就是空氣含水量飽和，而高於飽和度時，就會成液態水了。香港天文台是有特定準則的：85至95%屬於潮濕，95%以上就是非常潮濕了！

為什麼太陽升起後霧就會消失？

一夜之間籠罩天空的濃霧，在太陽升起後便會悄然消失。因為晚上氣溫下降，地面周圍的空氣冷卻後，空氣中的水蒸氣變成小水點而產生霧；但當早上太陽升起，氣溫上升，小水點便再次變成肉眼看不見的水蒸氣。陸地上的霧在早上會散開，但是海上產生的霧卻能輕易補充水分，所以可以整天籠罩着海面上。

太陽出來了，霧漸漸消散了！到底霧去哪裏了？
霧並沒有消失，只是我們看不見。它們變成水蒸氣，藏在空氣中！

露和**霧**都是由空氣中水蒸氣凝聚成水點而產生。水蒸氣遇冷變成水點的過程，稱為「凝結」。水蒸氣在夜間冷卻後，在草或樹葉等物體的表面上凝結，便產生「露」；而當水蒸氣在晚上靠近地面的空氣並冷卻後，凝結成小水點，便產生「霧」；「雲」也是空氣中水蒸氣凝結而成的，「霜」則是由水蒸氣變成冰而產生的，這現象是氣體不經過液態而直接變成固體的過程，稱為「凝華」。

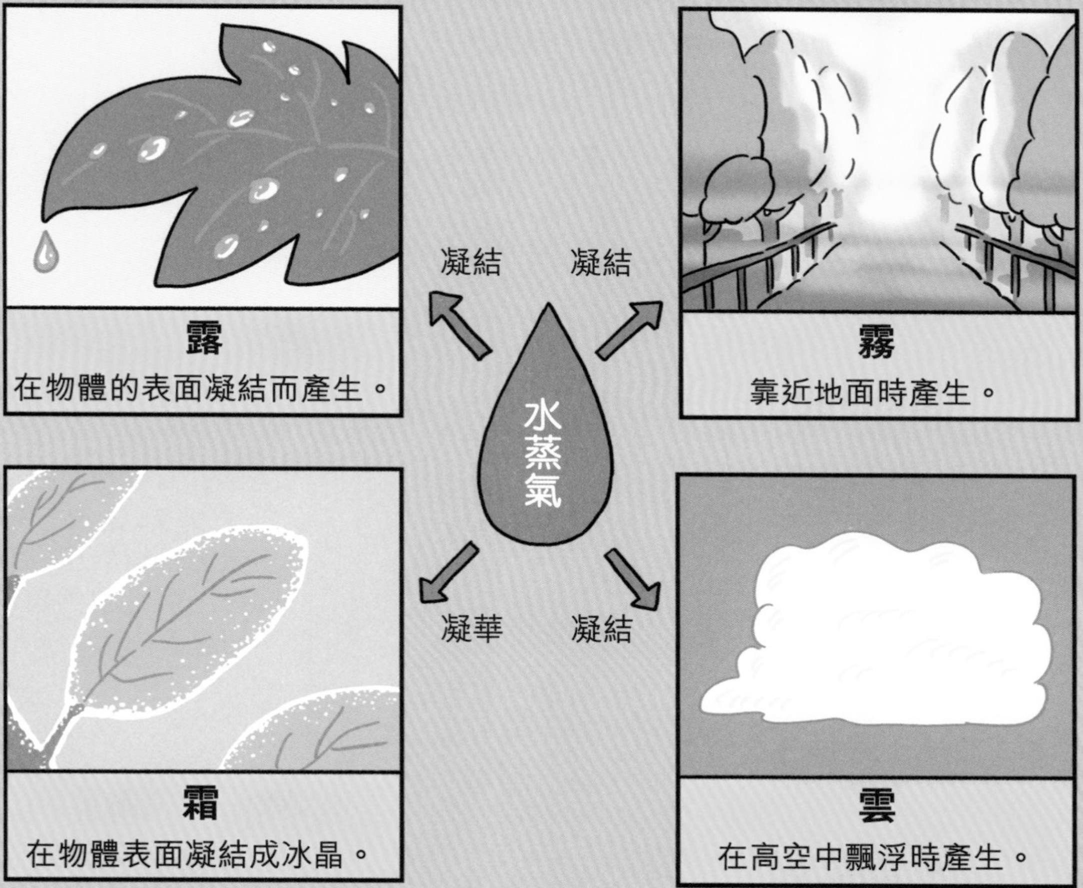

露
在物體的表面凝結而產生。
凝結
凝結
霧
靠近地面時產生。
水蒸氣
霜
在物體表面凝結成冰晶。
凝華
凝結
雲
在高空中飄浮時產生。

結霜而成的霜花

在寒冷的地區爬山時，即使山上沒有下過雪，也能看到樹上有一片片像白雪般綻放的霜花。當天氣寒冷，植物的莖或葉吸收足夠水分後，因為凍結而被擠壓，外皮破裂，噴出的汁液快速凝固，因而產生霜花。

為什麼雲的顏色都不一樣？

白雲，灰雲，烏雲，彩色的雲……雲的顏色一般會因其厚度而不同。由小水點組成的薄雲，會把大部分光線向各個方向散射出去，也有一些光線直接穿過薄雲，所以我們看見的雲便是白色。相反，小水點越積越大，組成厚雲後會吸收大部分光線，所以雲底就會像影子般黑黑的。

從雲的顏色、形狀和高度辨別雲的種類！

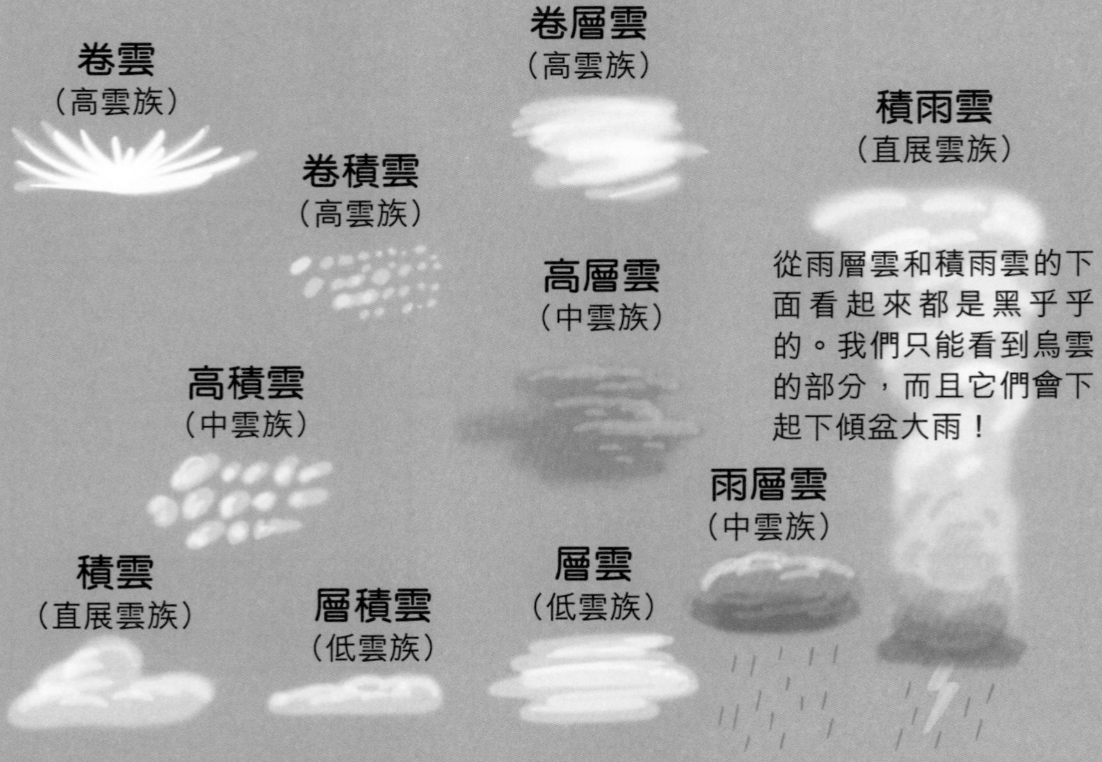
卷雲
（高雲族）
卷層雲
（高雲族）
積雨雲
（直展雲族）
卷積雲
（高雲族）
高層雲
（中雲族）
從雨層雲和積雨雲的下面看起來都是黑乎乎的。我們只能看到烏雲的部分，而且它們會下起下傾盆大雨！
高積雲
（中雲族）
雨層雲
（中雲族）
積雲
（直展雲族）
層積雲
（低雲族）
層雲
（低雲族）

雲有不同的種類，世界氣象組織(WMO)「國際雲圖」所制定的觀測雲的標準，共分有十類。

從雲的種類和形狀，我們大概可以推測雲的性質，預測未來會否下雨。

雲是漂浮在大氣中的水蒸氣、水點和冰粒聚集而成。**雪**和**雨**是雲中的水點和冰粒變得沉重而落下的天氣現象，當氣溫較高時，便會下雨；當氣溫較低時，便會下雪。

雲、雪、雨是如何形成的呢？

1. 空氣中的水蒸氣升到上空，逐漸聚集起來，變成雲。

2. 雲層體積增加，雲層上方產生冰粒。

3. 雲中的水點或冰粒結合在一起，並落到地上。

當氣溫較高，便會下雨！
當氣溫較低，便會下雪！

我們能透過觀雲來預測天氣嗎？

卷雲（高雲族）會在天氣由晴轉陰的初期出現，如果看到卷雲，就代表天氣馬上就要變陰了！卷積雲（高雲族）會在下雨前出現，所以當我們看到卷積雲，就要準備雨傘了！還有，當天空出現黑灰色、厚厚的雨層雲（中雲族），便說明下雨或下雪的時間將會較長。

為什麼我們把心情不好的人形容為「低氣壓」呢？

低氣壓是天氣預報中常用的術語，形容某地方的氣壓比鄰近地方較低。在低氣壓下，天氣會變得陰沉，經常下雨。因為心情不好的人，心情就像天氣一樣陰沉沉，所以有些地方的人會把心情不好的人形容為「低氣壓」！

氣壓是由空氣重量產生的壓力。空氣重，氣壓便會較大，稱為**高氣壓**；空氣輕，氣壓便會較小，就叫**低氣壓**。空氣會從高氣壓向低氣壓的地方移動，這種空氣的流動就是「風」。

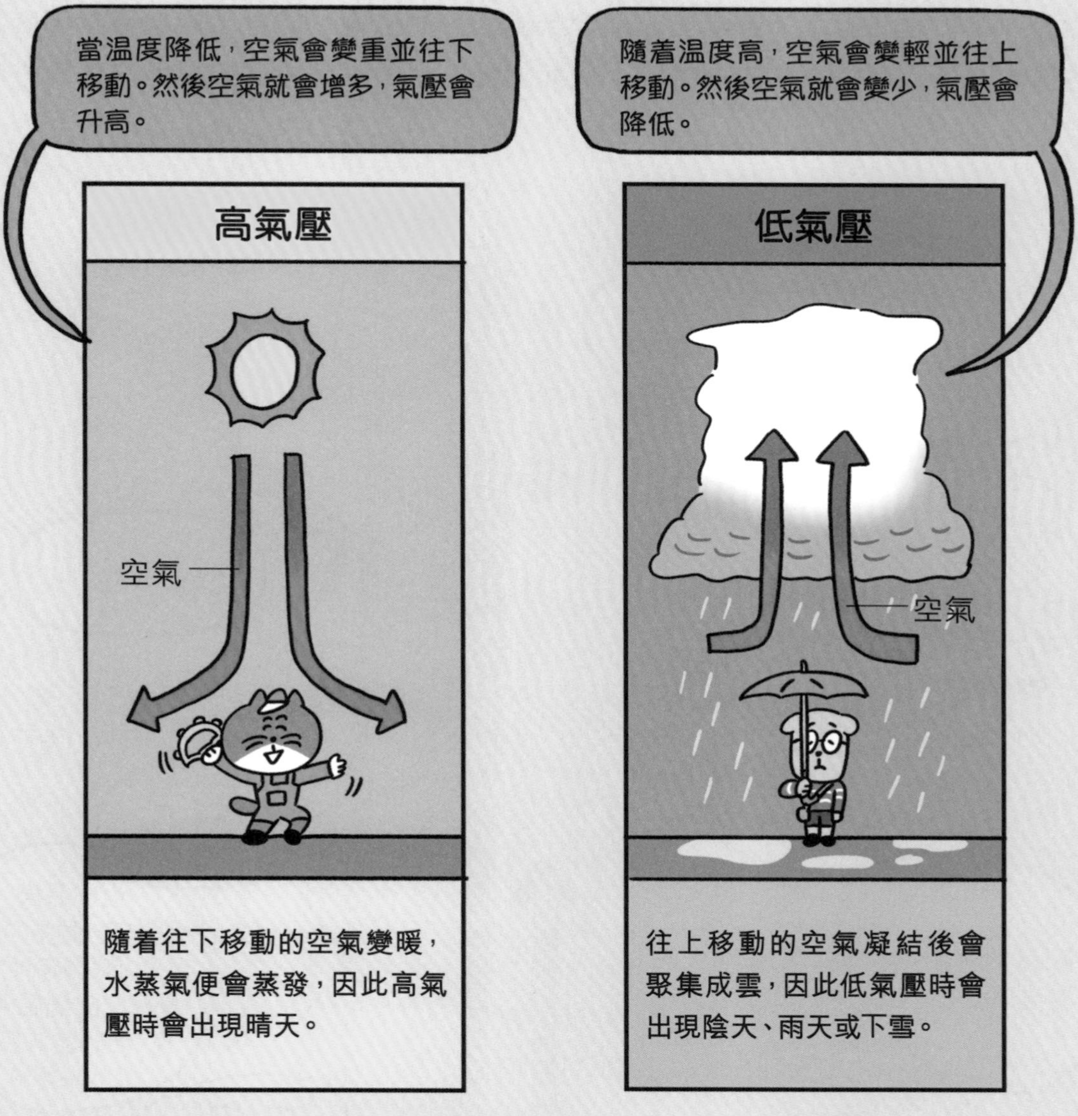

當温度降低，空氣會變重並往下移動。然後空氣就會增多，氣壓會升高。
高氣壓
空氣
隨着往下移動的空氣變暖，水蒸氣便會蒸發，因此高氣壓時會出現晴天。
隨着温度高，空氣會變輕並往上移動。然後空氣就會變少，氣壓會降低。
低氣壓
空氣
往上移動的空氣凝結後會聚集成雲，因此低氣壓時會出現陰天、雨天或下雪。

颱風其實是熱帶低氣壓嗎？

每年夏天颱風都會來襲，這是因為赤道附近的熱帶海洋產生低氣壓，並向陸地移動。還記得低氣壓時，空氣會上升嗎？颱風經過温暖的大海時，不斷吸入水蒸氣，就令雲層變大，這樣颱風便會擴大，並以每秒17米以上的速度迅速帶來暴風雨。

海風和陸風

風的名稱有很多，它們是怎麼命名的？

風的名稱很多吧！最常見的便是以方向表示的風名：從東邊來就是東風，從西邊來就是西風……名字裏已蘊含着風吹來的方向。記着，風向是指風吹來的方向，而不是指它吹去的方向！例如北風，便是從北方吹來，並向着南方吹去。

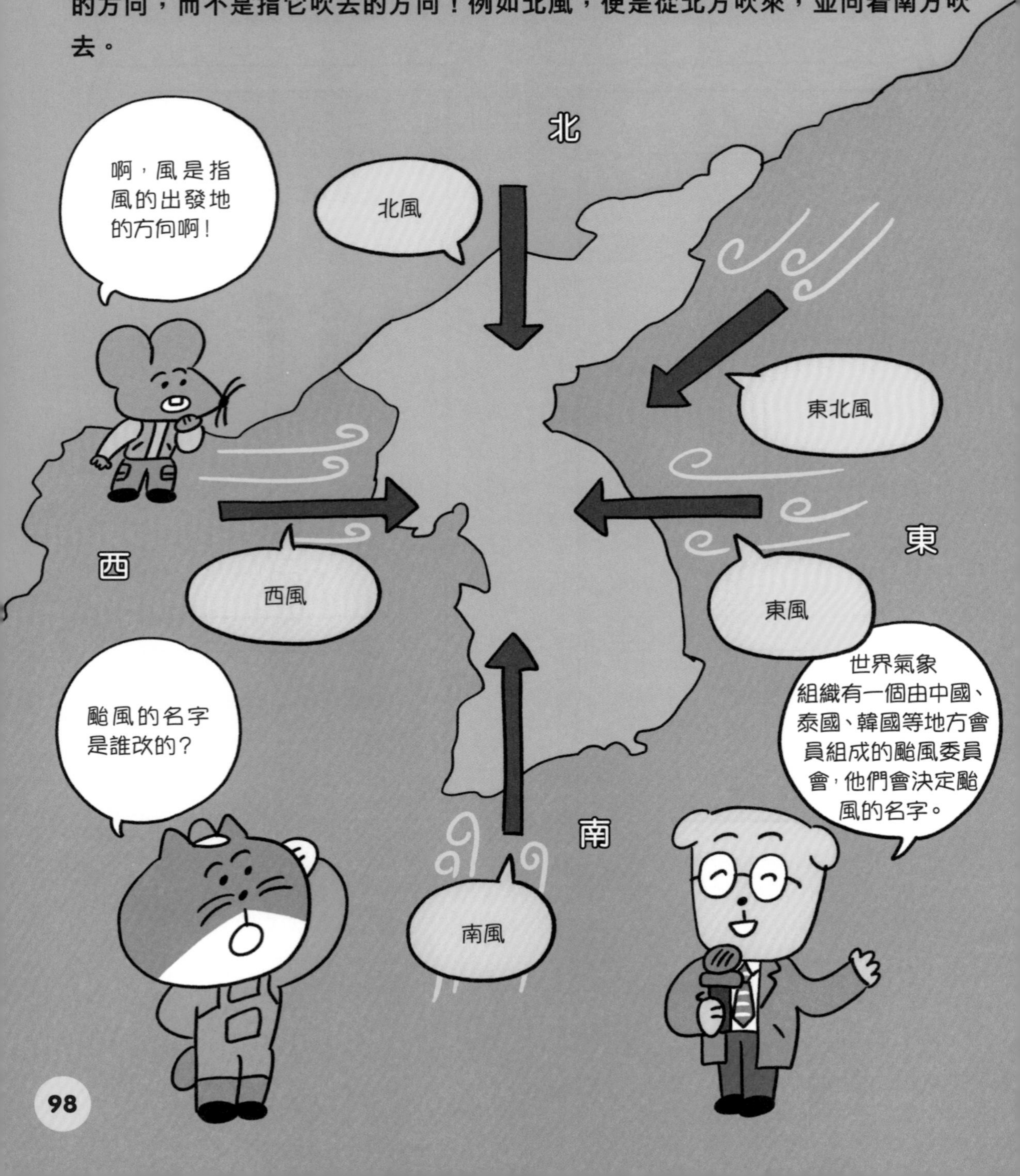

啊，風是指風的出發地的方向啊！
北
北風
東北風
西
西風
東
東風
颱風的名字是誰改的？
世界氣象組織有一個由中國、泰國、韓國等地方會員組成的颱風委員會，他們會決定颱風的名字。
南
南風

海風是指從海上吹向陸地的風，**陸風**是指從陸地吹向海洋的風。海風和陸風的名字也是根據風從哪裏來而命名的。而沿岸的地方，因應白天和晚上氣壓的變化，會使風向有所改變。

風在岸邊怎麼吹？

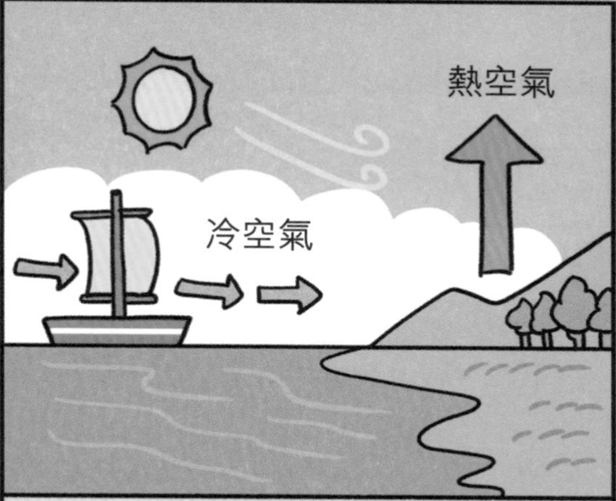

白天會颳海風

在陽光温暖的白天，陸地變熱的速度比海洋快。陸地上較輕盈的空氣向上升，風便從海面吹向陸地。

晚上會颳陸風

太陽下山的夜晚，海水比陸地冷卻得慢。温暖的海洋空氣會向上升，風便從陸地吹向海面。

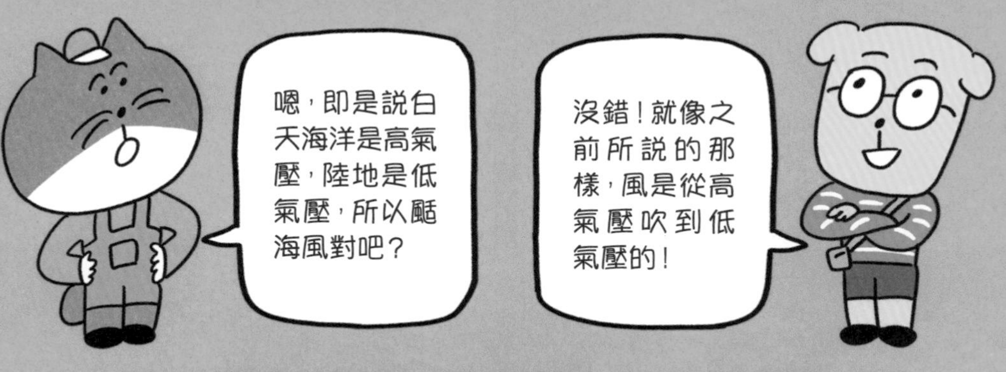

嗯，即是說白天海洋是高氣壓，陸地是低氣壓，所以颳海風對吧？
沒錯！就像之前所說的那樣，風是從高氣壓吹到低氣壓的！

不同季節的風向也不同嗎？

夏天會颳西南風，冬天會颳東北風，這種隨季節吹的風叫作「季候風」。當夏天來臨，温暖潮濕的氣團會從西南方的大海飄來。當冬天到來，寒冷乾燥的氣團會從東北大陸飄來。這種氣團的流動，便形成了季候風。

宇宙會像氣球一樣膨脹嗎？

當我們在氣球上畫幾個點，再把它吹脹後，點與點之間的距離會變得遠了。隨着宇宙逐漸擴大，星體與星體之間的距離也越來越遠。星系是指衆多星體聚集而成的羣體，地球處於太陽系內，而太陽系又處於銀河系中。宇宙是否正在膨脹中，讓我們通過實驗來了解一下吧。

小實驗！宇宙膨脹

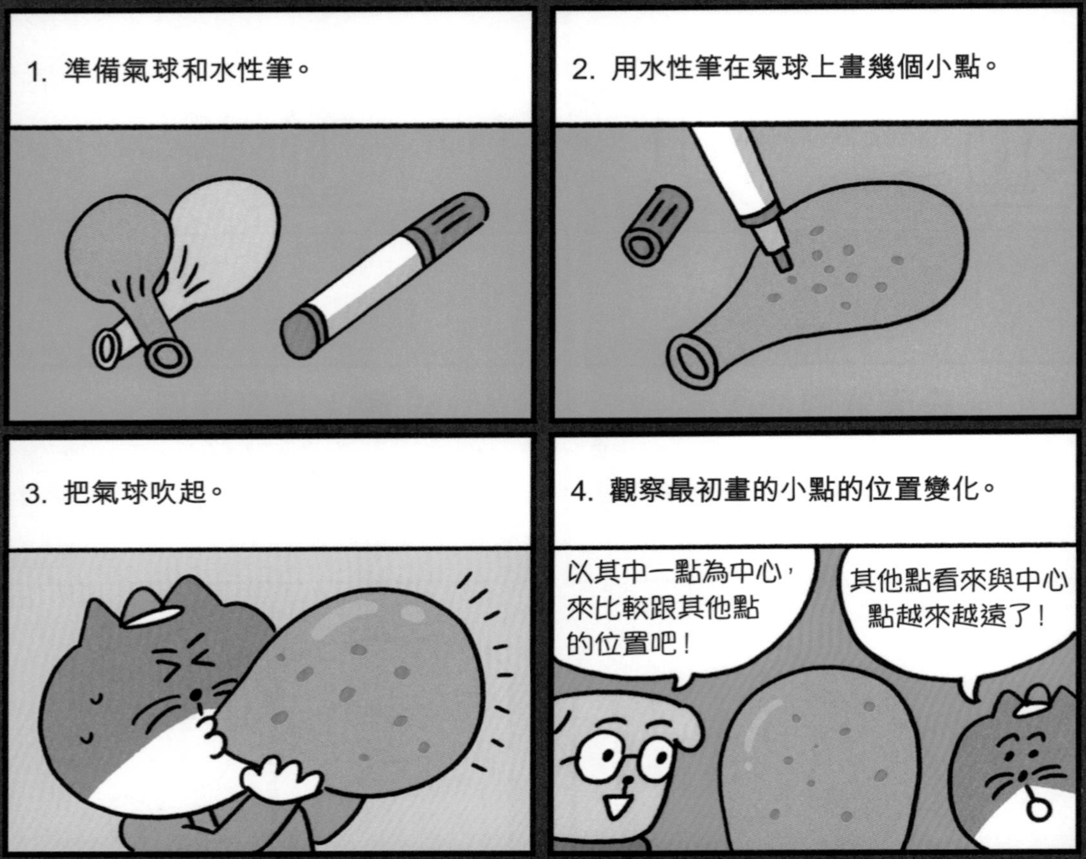

1. 準備氣球和水性筆。
2. 用水性筆在氣球上畫幾個小點。
3. 把氣球吹起。
4. 觀察最初畫的小點的位置變化。
以其中一點為中心，來比較跟其他點的位置吧！
其他點看來與中心點越來越遠了！

假設氣球是正在膨脹的宇宙，小點是星系的話……
其他星系正在遠離我們的星系呢！

宇宙是一個空間，包含這世界上所有物質、空間和時間。它包含我們生活的地球、太陽系、遙遠的星體、黑洞和無數的恆星等。那麼宇宙是怎麼誕生的呢？科學家最廣泛接受的理論就是「宇宙大爆炸」。

在大約138億年前，宇宙在巨大的爆炸中誕生了，被稱為「宇宙大爆炸」。
在短短的一瞬間，就形成了現在宇宙的一半空間了嗎？很厲害啊！

誰是世界上第一個上太空的人？

第一位被送上太空的人是1961年前蘇聯空軍上尉尤里・加加林，他乘坐東方1號成功進行了1小時29分鐘的太空飛行。他在太空中看見地球，便說：「太空是黑色的，地球是藍色的。」，讓後人對太空有初步認知。

從月球上看到的地球是什麼樣子的？

地球是圓形的球體吧？但是從月球上看，地球每天的樣子都不一樣。有時地球像眉毛一樣彎，有時會像球一樣圓，變化不停地循環着。為什麼會這樣呢？我們試回想在地球上看到的月亮形狀，便很容易理解了。月球本來就是圓的，但是在我們眼裏，月亮的樣子會變成新月、半月和滿月等不同形狀。這是因為地球和月球都不是自己發光的，我們只能看到太陽照射下的部分。當太陽、地球和月球的位置產生變化，受太陽光照射的部分亦會變化，所以形狀看起來都不一樣。

懵傻喵呀，你快看看地球，像皮球缺了一邊呢！
嘩，對啊！玉兔們，地球的樣子怎麼變成那樣了？
就像你們在地球上看到的月亮一樣，在月球上看到的地球，形狀每天也在變化。

月球是唯一圍繞地球旋轉的一顆衛星。「衛星」是指環繞行星的天體，月球像地球一樣圓，表面上有很多大大小小的隕石坑。科學家們把月球明亮的部分稱為「月陸」，黑暗的部分稱為「月海」。

半徑大約是1,740公里，大約是地球半徑的四分之一。

沒有生命體的跡象，表面是灰色的。

幾乎沒有液態水。

因為火山活動或小行星的撞擊，導致月球表面凹凸不平。

沒有大氣，因此沒有天氣現象。日間溫度滾燙至高達130度，夜間則寒冷至零下130度。

其實我們不是真的住在月球上的，
月球上是沒有任何生物的！

月亮上的玉兔在火山誕生！

當我們看到滿月，彷彿有一隻正在搗米的玉兔。玉兔其實就是人們看到月球黑暗的「月海」形成的錯視覺，月海是因為火山活動，造成大面積的玄武岩熔岩。所以，我們也可以說玉兔是在火山上誕生的吧？

朝太陽投放一顆原子彈會怎麼樣？

你猜會釋放出巨大的火花，散發出耀眼的光芒嗎？但事實上，那就像向山火扔一根火柴般，幾乎什麼事情都不會發生。太陽散發出原子彈也無法比擬的巨大能量，而且原子彈爆炸，必須要有氧氣，但太陽主要由氫氣組成，因此原子彈無法爆炸的可能性很高。

原子彈投到太陽去了，但什麼事都沒有發生。
原子彈什麼的，怎能比我厲害？

太陽是距離地球約1億5,000公里的恆星。太陽為地球上所有生物提供光、熱和能量。如果太陽不燃燒，地球就會結冰，沒有人能活下來。

太陽的半徑約為70萬公里，
是地球半徑的109倍。
真可愛。
……

太陽的質量比地球
重38萬倍。

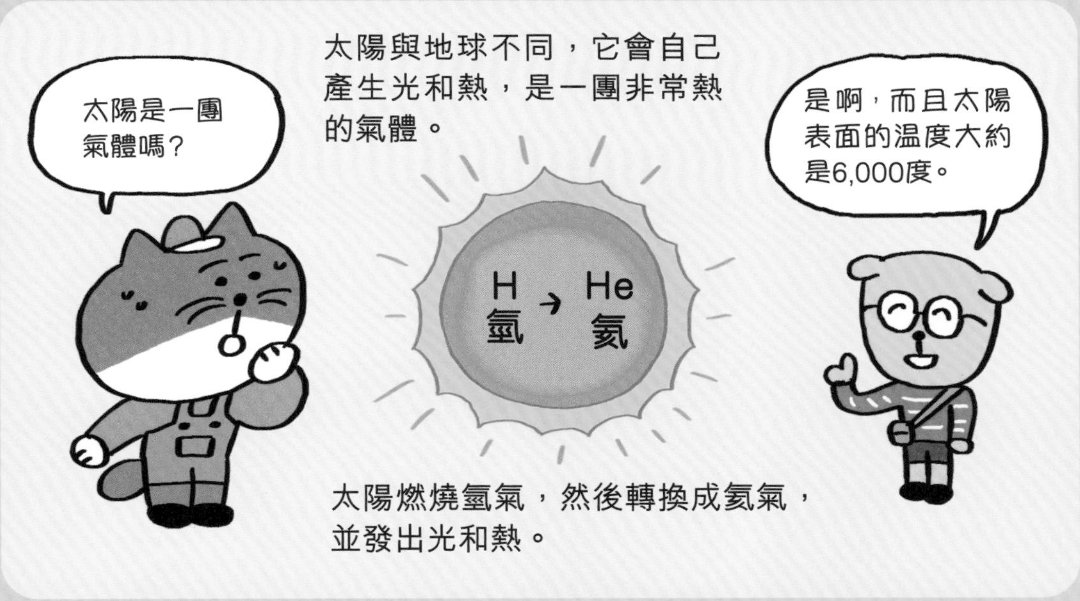
太陽是一團
氣體嗎？
太陽與地球不同，它會自己
產生光和熱，是一團非常熱
的氣體。
是啊，而且太陽
表面的溫度大約
是6,000度。
H
氫
→
He
氦
太陽燃燒氫氣，然後轉換成氦氣，
並發出光和熱。

太陽會永遠存在嗎？

科學家推測太陽大概會繼續燃燒約50億年左右。當太陽的氫氣有一半變成氦氣，太陽便會漸漸失去光芒，成為一顆紅巨星，隨着太陽的膨脹，它會吞併和摧毀我們的地球。之後，太陽就會變成一個白矮星。

太陽系裏有多少顆星星？

我們地球所在的太陽系裏只有一顆恆星，那就是太陽！通常，在天上閃閃發光的東西都被稱為星星，但確切地説，「星」的意思是「自己發光的天體」，也被稱為「恆星」。包括地球在內的其他「行星」是不能自己發光的，它們都是反射太陽光而被照亮。

太陽系是指受太陽影響的空間範圍和其中的天體。太陽系是以太陽為中心，行星、小行星和衞星等星體都圍着太陽轉動。太陽系中有8大行星，分別是水星、金星、地球、火星、木星、土星、天王星和海王星。行星的周圍有衞星在轉動。火星和木星之間也有許多小行星。

水星是太陽系中最小的行星。
地球是離太陽較近的第三顆行星！
太陽
土星
地球
金星
火星
水星
海王星
木星
天王星
木星是太陽系中最大的行星！

太陽系裏有多少衞星？

太陽系中環繞行星的衞星十分多，木星的衞星最多，約有90顆以上，而水星和金星並沒有衞星圍繞。地球的衞星只有1顆，那就是月球。衞星的數字只是約數，因為我們還可能會繼續發現新的衞星。

為什麼行星不會互相碰撞？

行星會朝着一個方向繞着太陽轉，每顆行星跟太陽之間的距離都不同。另外，每顆行星圍繞太陽旋轉一周所需的時間也不一樣。所有行星各自會在一定的軌道上圍繞着太陽旋轉，所以行星之間不會碰撞。

從正上方俯瞰太陽系會怎樣？
行星都逆時針地公轉呢！
離太陽越近的行星，公轉速度就越快。
地球
金星
木星
水星
火星

太陽系以外的銀河系，也有行星嗎？

宇宙中有很多恆星，還有圍繞它的行星。在美國太空總署(NASA)，研究員利用被稱為「行星獵人」的開普勒太空望遠鏡，在9年零8個月的時間裏找到了53萬506顆恆星和2,662顆行星。他們先找到恆星，然後找到環繞其周圍的行星！

行星是圍繞恆星運轉的天體。在太陽系中，水星、金星，地球和火星都是由岩石組成的「地球型行星」。木星、土星、天王星和海王星都是由氣體組成的「木星型行星」。

太陽系的行星

		水星	金星	地球	火星
類地行星	外觀*				
	大小**	0.4	0.9	1	0.5
	與太陽的距離***	0.4	0.7	1	1.5
	特徵	因為沒有大氣層，所以日夜温差很大。	在地球上看的時候很明亮，古代被稱為「太白金星」。	唯一有生命的行星。	表面有火山和山谷，還有水流動的痕跡。
		木星	土星	天王星	海王星
氣態巨行星	外觀*			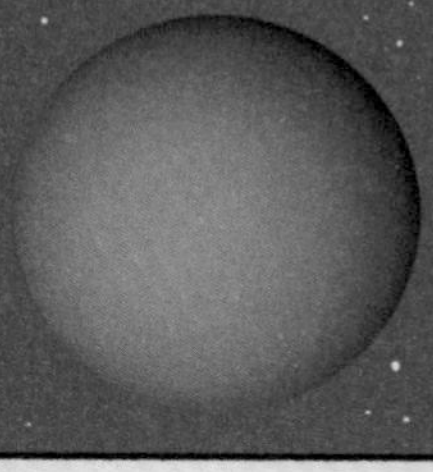	
	大小**	11.2	9.4	4.0	3.9
	與太陽的距離***	5.2	9.6	19.1	30
	特徵	衞星最多。	它有好幾個環和衞星。	雖然有好幾個環，但是很模糊。	雖然有好幾個環，但是很模糊。

*各行星的照片沒有反映它們比例上的大小。
**大小不是實際數值，而是把地球定為1，以此作基準的相對數值。
***與太陽的距離是以地球和太陽之間的距離定為1，以此作基準的相對數值。

北斗七星的樣子原本就像湯勺的嗎？

不是的！北斗七星中的七顆星，是在不同的時間誕生的，他們彼此的距離也相隔很遠。其他星座也一樣，並非每顆星同時誕生而成！北斗七星被捆綁成同一個星座，是人們在地球上觀察時，七顆星位置相近，看起來大小和亮度相似。人們會創造不同星座來講述過去的傳說，並利用星座來定位星星的位置。

形狀和湯勺差不多啊。
北極星
1倍 2倍 3倍 4倍 5倍
北斗七星
處於較黑暗的環境，較容易觀星呢！

北斗七星是在東方可發現的星座。「北斗」是指「北方的勺」的意思，「七星」是「七顆星」。這七顆星都屬於大熊座。

東方人自古以來，就把北斗七星用於尋找北極星。把斗頭的最前兩顆星聯線，並向前延伸兩顆星的約五倍距離，便很容易找到北極星。

天上還有能指示方向的「羅盤」嗎？

北極星與其他星球不同，看起來幾乎不會動，所以在沒有指南針的古代，古人會依賴北極星來找方向。當他們看到北極星時，右側指向的便是東邊，左側指向的便是西邊，而背後指向的便是南邊了。

星是能自己發光的天體，跟太陽一樣是恒星。但它們大部分距離地球很遠，所以看起來像很小的一點光。另外，白天的陽光太強烈了，使我們看不見它們的光芒。**星座**是人們連接天上的星星而命名，星座的形狀幾乎不變。

每個季節的著名星座！

春季：獅子座

春季很難看見明亮的星星。
最顯眼的是南方天上的獅子座。

夏季：天鵝座

當夏季來臨，銀河從北到南穿過夜空。在銀河所在的北方天空中，我們很容易能找到天鵝座。

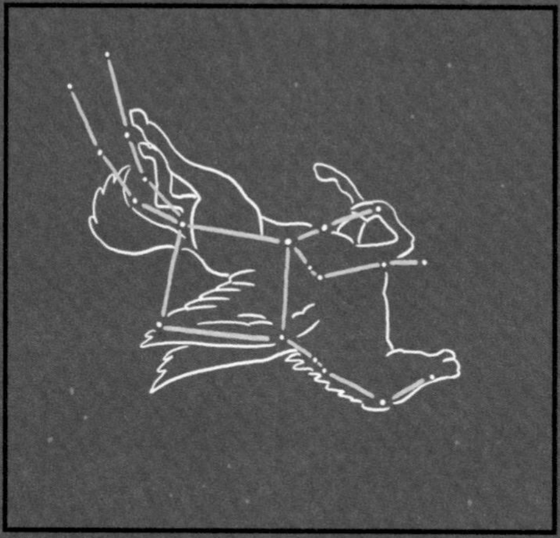

秋季：飛馬座

秋季像春季一樣，也很難找到明亮的星星。但在南方的天空，可以尋找一個巨大的方形，這就是飛馬座。

冬季：獵戶座

冬季能看到很多亮又大的星星。
南方的天空中，最顯眼的星座就是人形的獵戶座。

如果地球停止轉動會怎樣？

咦，你感覺不到地球在轉動嗎？我們很難察覺地球在轉，但是它的確在快速地旋轉。地球不但在自轉，還會圍繞着太陽公轉。但是假如地球突然停止自轉，會怎麼樣呢？相信，所有的生命都很難再活下去了。

就像行駛中的汽車突然停駛一樣，很多東西都會被拋出去。
地球各地區一天內無法均勻地接收太陽光，晝夜不會改變。
離心力消失，赤道地區的海水向極地傾斜。赤道將發生特大乾旱，極地將被大洪水淹沒。
有些國家會終日維持黑暗、寒冷的夜晚，而另一方則終日維持炎熱的白天。
你在害怕地球會停轉嗎？別擔心。科學家們説即使地球停了下來，因為月球的引力，地球也會因此而重新旋轉起來。

地球的自轉是以地球傾斜約23.5度的自轉軸為中心，每天從西向東旋轉一圈。因為地球在自轉，所以太陽、月亮和星星看起來，每天都從東方向西方移動。其實，白天和黑夜會交替出現，都是因為地球的自轉。地球自轉期間，受到太陽光照射的地方會變成白天，沒有太陽照射時便會變成夜晚。

地球一天轉一圈，是不是轉得太慢了？
自轉軸
北極
西
東
南極
並不慢啊……
在地球赤道附近測量，地球的轉動高達時速1,667公里！比飛機快兩倍左右。

有自轉方向相反的行星嗎？

太陽系的行星大部分都像地球般逆時針旋轉，唯獨金星不是。金星順時針旋轉，原因是金星的自轉軸，跟其他行星相反的方向傾斜，它傾斜約177.3度。科學家們推測，金星出現初期，經常受小行星撞擊，導致自轉軸發生變化。

地球的公轉

太陽升起的位置每天都不一樣嗎？

太陽升起的位置每天不一樣，聽起來可能很荒唐，不過，太陽雖然每天從東邊升起，但位置上其實都稍微有變化。這是因為地球稍微傾斜，並圍繞太陽公轉。太陽每天劃過地球上空的路線都不一樣，所以日出的位置也會發生一些變化。

一起看日出

夏天看到的日出
北
東
南
6點03分，太陽從東邊往北一點的地方出來了。
冬天看到的日出
北
東
南
7點02分，太陽從東邊稍微偏南邊的地方出來了！

太陽升起的位置和時間會以1年為周期地發生變化。

地球公轉是指地球每年繞太陽旋轉一圈，方向是從西向東。地球在自轉的同時，亦會以太陽為中心公轉。軌道是指一個天體周期性地圍繞另一個天體旋轉的循環路線。因為地球公轉，所以根據位置不同，季節、星座也會發生變化，日出的位置和正午高度也會有所不同。

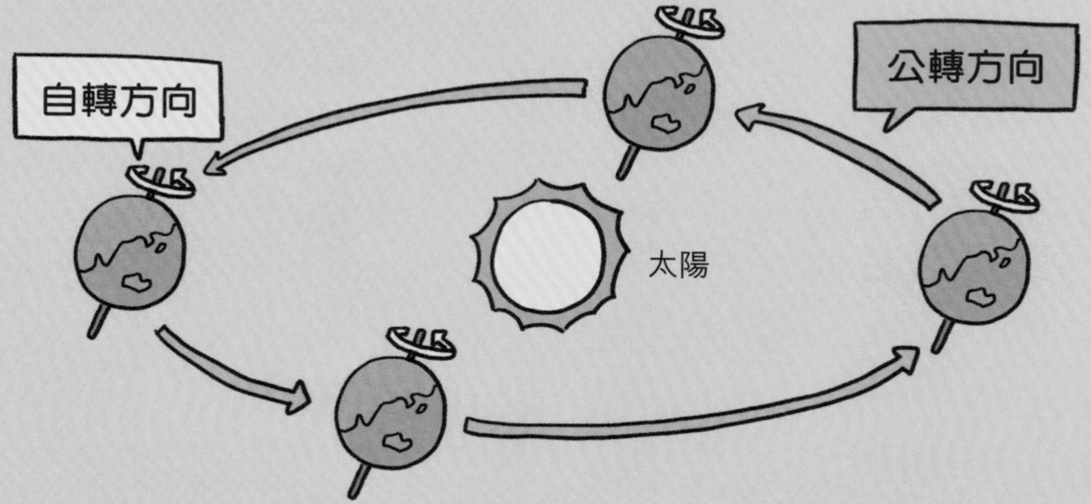

自轉方向
公轉方向
太陽

地球一天自轉一圈，在公轉軌道中走了約1度。
像這樣嗎？

躺着公轉的行星「天王星」

天王星經常與小行星相撞，與其他行星相比，自轉軸傾斜了很多。如果其他行星是稍微傾斜地旋轉，那麼自轉軸約98度的天王星，便是「躺着」般沿着公轉軌道骨碌碌地前滾。天王星公轉周期約84年，其間一半時間只在北半球受光，另一半時間只在南半球受光。

看懂月亮的話，我能成為推理王！

我們可以根據月亮的位置和形狀，推測出當時的日期和身處方位。月亮每天的形狀都會變，升起的位置也會變，例如看到滿月從東方升起時，我們就會知道日子，因為滿月是約在農曆15號的晚上從東邊的天空升起的。

小遊戲：尋找正確的圖片！
哪一幅是晚上7點東邊的景色？

1

2

正確答案是圖片1！傍晚7點太陽在西邊下山的時候，那時東邊升起的月亮應該是滿月。因為新月在這一刻，是會在西邊出現，所以圖2畫錯了！看右頁的內容，你就能更好地理解了！

月球運動是指月球自轉，並圍繞地球公轉。就像地球會自轉，並圍繞太陽公轉一般。所以在我們眼裏，以30天為周期，月亮的形狀和在天上的位置每天都不一樣。月球繞地球轉一圈大約也需要30天。

月球的位置和形狀會發生什麼變化？

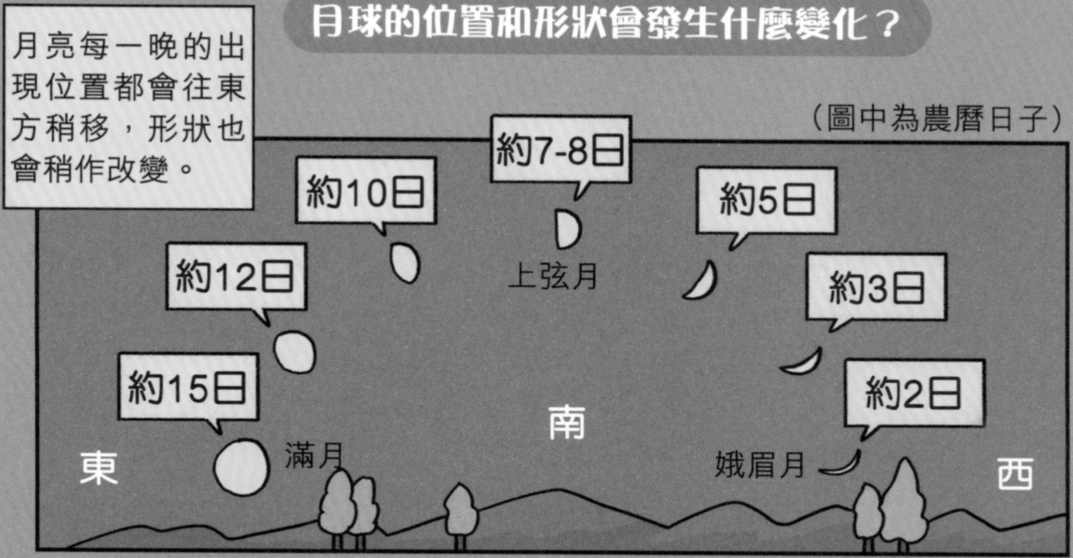
月亮每一晚的出現位置都會往東方稍移，形狀也會稍作改變。
（圖中為農曆日子）
約7-8日
約10日
約5日
上弦月
約12日
約3日
約15日
約2日
南
東
滿月
娥眉月
西

為什麼月亮的形狀會變呢？

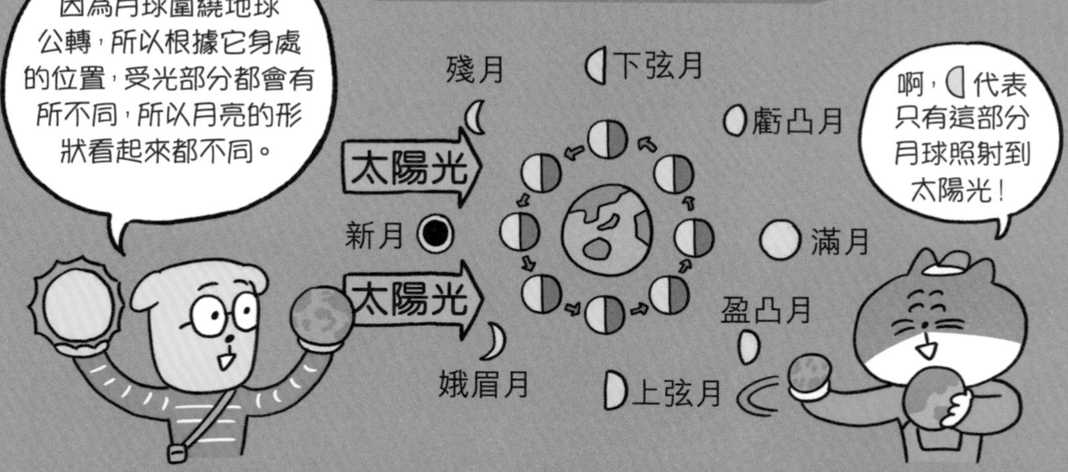
因為月球圍繞地球公轉，所以根據它身處的位置，受光部分都會有所不同，所以月亮的形狀看起來都不同。
殘月
下弦月
虧凸月
啊，◐代表只有這部分月球照射到太陽光！
太陽光
新月
滿月
太陽光
盈凸月
娥眉月
上弦月

潮汐是因為地球和月球的力量嗎？

地球和月球之間的引力非常強大，月球對海洋的引力，在地球近月球的一面會比遠離的一面大。在背向月球的另一邊，海水因地球自轉產生的離心力而聚集。所以，在面向月球和背對月球的兩個地方，海水都會湧向陸地（漲潮），在其他地方就會溜走（退潮）。

太陽高度角

為什麼說「向南樓」是好居所呢？

大人們說找新房子的時候，最好是大窗戶朝南的房子。「向南樓」之所以這麼受歡迎，是因為「冬暖夏涼」。這都是跟陽光有關！

「向南樓」受歡迎的秘訣！

夏天
因為夏天的太陽在較高的位置，太陽光只會短暫地照射進屋裏！
幸好只有一點陽光，不太熱！

冬天
因為冬天的太陽在較低的位置，所以冬天的太陽光會深入屋內！
啊，好暖和！

太陽高度角是指太陽與地平面之間形成的角度。這個角度變大，代表太陽高度變高，那氣溫就會上升，而影子會變短。在一天的中午時分，太陽高度角是最高的，此時會被稱為「日上中天」，因為太陽正處於上空最高點的位置。

日上中天

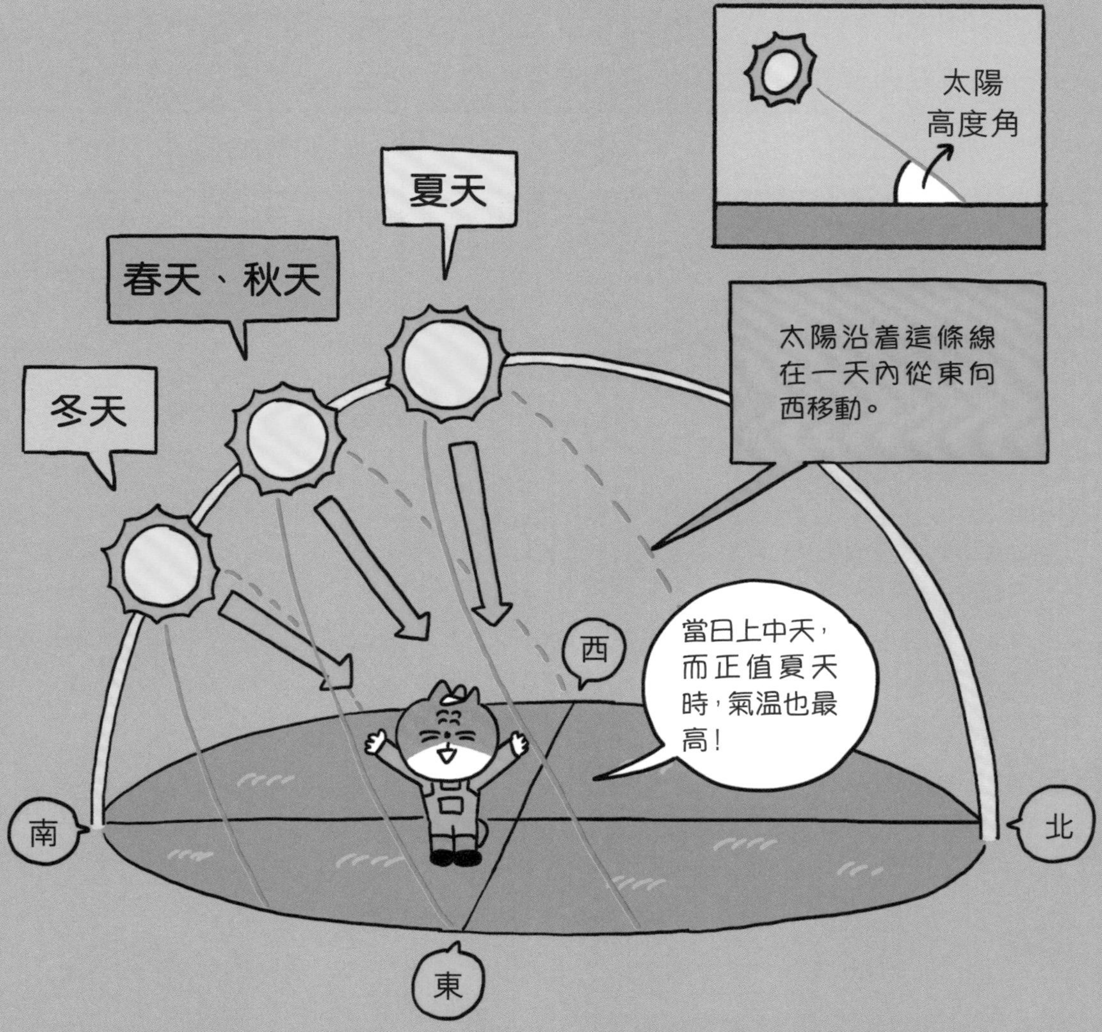

冬天的夜晚比夏天更長的理由是什麼？

因為冬天的中天的高度較低，所以太陽升起的角度比夏天時低。陽光斜照着，天氣較冷，而太陽下山也得快，夜晚也變長了。一年中，通常在12月21或22日（冬至日）有着一年中最長的夜晚。相反，夏天的中天的高度較高，夜晚變短了。一年中，夜晚最短、天氣最熱的一天（夏至日）通常在是6月20至22日。

為什麼有些地方的季節總是維持不變？

南極和北極一年四季都被冰層覆蓋，看起來像永遠是冬天，其實這些地區也有春、夏、秋的季節，只是因為地球自轉軸稍微傾斜，使這些地方一年四季都沒有受到陽光正面照射，所以氣溫才這麼冷。這些地方在不同季節的氣溫都有差異，而且在夏天和冬天還會出現非常神奇的現象，那就是「白夜」和「極夜」！

北極的夏天和韓國冬天的氣溫差不多。

南極的夏天大部分氣溫也是在零度以下。

白夜
在夏天晚上，太陽也不會下山，「白夜」是「白色夜晚」，又名永晝。

極夜
在冬天白天，太陽也不會出來，「極夜」是「極端漫長的夜晚」的意思，又名永夜。

這些地方會出現白夜和極夜，是因為地球的自轉軸傾斜。來看看右邊的圖片吧！面向太陽的地方就會出現白天，背向太陽的地方，就會出現夜晚。

季節的變化是由於地球的自轉軸以23.5度傾斜，並圍繞太陽公轉而發生的。季節會根據地面受到多少太陽光照射而有所不同，太陽能量接收較多的時期，就是炎熱的夏天；相反接收較少的時期，就是寒冷的冬天。

夏天
太陽的位置較高，所以天氣很熱。
冬天
太陽的位置較低，所以天氣很冷。
北半球
我們的位置
南半球
北半球
我們的位置
南半球

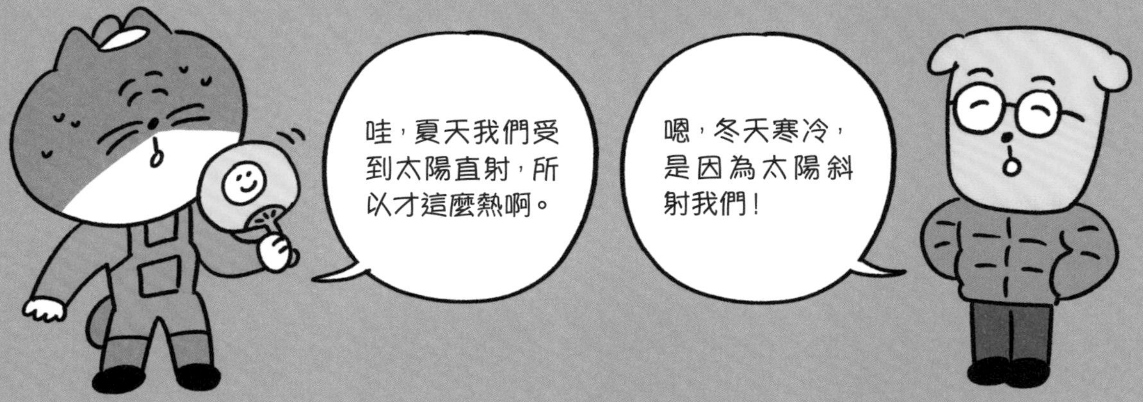
哇，夏天我們受到太陽直射，所以才這麼熱啊。
嗯，冬天寒冷，是因為太陽斜射我們！

為什麼澳洲的聖誕節在盛夏？

亞洲在北半球，而澳洲位於南半球。澳洲當地12月時是盛夏，因為地球的自轉軸是傾斜的。相反，當亞洲在夏天時最接近太陽，而澳洲就最遠離太陽，變成冬天。

第1學習階段 小一至小三

第2學習階段 小四至小六

教學主題表

可以用作常識科的教材參考啊！

學習範疇：健康與生活

核心學習元素	奇妙科學研究所 第1冊		奇妙科學研究所 第2冊	
	概念詞	頁碼	概念詞	頁碼
1. 身體不同部分和器官	我們的身體	104		
2. 食物、運動及休息對健康的重要性	睡覺	104		

學習範疇：人與環境

核心學習元素	奇妙科學研究所 第1冊		奇妙科學研究所 第2冊	
	概念詞	頁碼	概念詞	頁碼
1. 生物的特徵	生物	50		
2. 生物的基本需要及生長過程	動物的一生	54		
	植物的一生	68		
	根	92		
	莖	94		
	葉子與光合作用	96		
	花	100		
	果實與種子	102		
3. 生物的簡單分類	動物與植物	52		
4. 氣候和天氣的轉變及其對日常生活的影響			天氣	88

學習範疇：日常生活中的科學與科技

核心學習元素	奇妙科學研究所 第1冊		奇妙科學研究所 第2冊	
	概念詞	頁碼	概念詞	頁碼
1. 自然現象			光	32
			影子	34
			天氣	88
			濕度	90
			露與霧	92
			雲、雪和雨	94
			高氣壓和低氣壓	96
			海風和陸風	98

2. 常用的物料、它們的特性及用途	物質	12	磁鐵	14
			磁力和磁場	16
3. 能量的來源及其在日常生活的用途			能量	12
4. 熱傳導及其相關現象			溫度	44
			熱的傳遞	46
5. 力的例子，在日常生活中的相關現象			物體的運動	48

學習範疇：健康與生活

學習重點	奇妙科學研究所 第1冊		奇妙科學研究所 第2冊	
	概念詞	頁碼	概念詞	頁碼
1. 身體主要系統及器官的功能	我們的身體	104		
	骨頭與肌肉	106		
	消化	108		
	呼吸	110		
	心臟與血管	112		
	排泄	114		
	刺激與反應	116		
2. 常見疾病的主要成因，對身體健康的影響及預防方法	細菌	82		

學習範疇：人與環境

學習重點	奇妙科學研究所 第1冊		奇妙科學研究所 第2冊	
	概念詞	頁碼	概念詞	頁碼
1. 生物世界的循環、生物的生命週期	動物的一生	54		
	動物的雌雄	56		
	昆蟲的一生	60		
2. 生物多樣性及分類	動物的分類	62		
	脊椎／無脊椎動物	64, 66		
	植物的分類	72		
3. 生物與自然環境的互相依存關係和影響	動物的棲息地	58	太陽高度角	118
	植物的棲息地	70		
	生態系統	84		
	食物鏈，食物網	86		
	生態金字塔	88		

4. 生物形態和功能及其對環境的適應力	種子植物	74		
	孢子	76		
	菌類	78		
	原生生物	80		
	根	92		
	莖	94		
	葉子與光合作用	96		
	蒸散作用	98		
	花	100		
	果實與種子	102		
5. 生物在不同氣候地區的生活			季節的變化	120
6. 地球作為資源的泉源	氧氣	40	地球	66
	二氧化碳	42	土壤	68
			侵蝕作用	70
			沉積作用	72
			地層	74
			沉積岩	76
			化石	78
			火山	80
			火成岩	82
			地震	84
			水的循環	86
7. 可再生能源與不可再生能源			太陽能、火力、水力、風力發電	63

學習範疇：日常生活中的科學與科技

學習重點	奇妙科學研究所 第1冊		奇妙科學研究所 第2冊	
	概念詞	頁碼	概念詞	頁碼
1. 探究一些光的特性和相關現象			光的直線進行	36
			光的反射	38
			光的折射	40
			透鏡	42
2. 探究一些聲的特性和相關現象			聲音	18
			音量的大小	20
			音調的高低	22
			聲音的反射	24

3. 探究一些電的特性和相關現象			電	52
			電流	54
			導電體和絕緣體	56
			串聯和並聯	58
			電磁鐵	60
4. 能量的例子及能量轉換			能量	12
			能源轉換	62
5. 力的例子及其與運動的相關現象			重量	26
			重力	28
			保持平衡	30
			物體的運動	48
			速度	50
6. 區別可逆轉的改變和不可逆轉的改變	固體	14	溫度	44
	液體	16	熱的傳遞	46
	氣體	18		
	混合物	22		
	物質的狀態變化	24		
	蒸發	26		
	沸騰	28		
	凝結	30		
	溶解	32		
	生鏽	40		
	燃燒	44		
	滅火	46		
7. 一些常用物料的特性和應用	物質	12		
	凝膠	17		
8. 在地球上可觀察到的一些由太陽、地球和月球運動所引起的轉變或現象			月球	102
			地球的自轉	112
			地球的公轉	114
			月球運動	116
9. 太陽系的奧秘及地球特徵			宇宙	100
			太陽	104
			太陽系	106
			行星	108
			星與星座	110

科學詞彙索引

我學會很多科學詞彙！

作者及繪者簡介

作者：李淨雅

畢業於法國巴黎索邦大學（巴黎第六大學）生命科學專業，隨後於KAIST（韓國科學技術院）獲得科學新聞學碩士學位。她於2008年起入職東亞科學，並擔任《科學東亞》、《兒童科學東亞》的記者，現在是一名專職醫學記者。為了以有趣的方式把科學知識傳遞給孩子們，她編寫了這套《奇妙科學研究所》。同時，她還創作了《夢想得到諾貝爾》系列，並擔任《是夜貓還是貓頭鷹？》、《孩子的第一本科學百科》系列的譯者。

繪圖：羅仁完

擅長繪畫可愛的插畫和動畫角色，曾創作並繪畫的作品有《小豬昊羅羅》、《麪包書生與紅豆鐵》、《金槍魚老師的日本語》系列、《金槍魚老師來了》系列。另外，他還繪畫過《小學科學Q6遺傳與血液》、《日本雖然非我所喜，但炸豬排真美味》、《爸爸，一起去韓國歷史旅行吧！》系列等作品。

監製：盧錫九

本科畢業於韓國首爾大學化學系，畢業後於同校相繼獲得碩士和博士學位。他曾於韓國教育發展院擔任研究員，現在於京仁教育大學科學系任教。他曾出版《小學科學教學指導案編寫諮詢》、《善用遊戲活躍課堂》等多元化的科學教科書和教學指導書。